本书获"上海市卫生健康委关爱儿童健康公益项目"资助

0~5岁

聪明宝宝 智慧养育

主编

金星明

编委

（按章节顺序排列）

江　帆　章依文　段娅莉　金志娟
沈理笑　张劲松　杨　友　方　凤

上海科学技术出版社

图书在版编目（CIP）数据

聪明宝宝 智慧养育 / 金星明主编. —上海：上海
科学技术出版社，2020.3
ISBN 978-7-5478-4762-6

Ⅰ.①聪… Ⅱ.①金… Ⅲ.①婴幼儿－哺育
Ⅳ.①TS976.31

中国版本图书馆 CIP 数据核字（2020）第 008353 号

聪明宝宝 智慧养育

金星明 主编

上海世纪出版（集团）有限公司
上 海 科 学 技 术 出 版 社 出版、发行
（上海钦州南路 71 号 邮政编码 200235 www.sstp.cn）
苏州望电印刷有限公司印刷
开本 889×1194 1/32 印张 5.75
字数 110 千字
2020 年 3 月第 1 版 2020 年 3 月第 1 次印刷
ISBN 978-7-5478-4762-6/R·2008
定价：25.00 元

序

　　悠悠万事，民生为大。儿童健康事关家庭幸福和民族未来，是全民健康的重要基石。幼有所育，让每一名儿童都能伴随着时代的脚步茁壮成长，拥有美好灿烂的明天，是每个家庭最大的愿望和期盼，也是国家走向繁荣富强的基础和支撑。新中国成立以来，党和国家把儿童健康成长当作国家的根本大计，作为保护儿童权益、促进儿童全面发展的重要基础性工作，努力为儿童健康成长创造更好的条件。

　　全民健康从儿童健康迈开第一步，加强儿童健康事业发展，是健康中国建设和卫生健康事业发展的重要内容，对于实现中华民族伟大复兴的中国梦具有重要意义。习近平总书记在全国卫生与健康大会上强调，要重视少年儿童健康，加强健康知识宣传力度。党的十八大以来，儿童健康事业实现新的跃升，从《"健康中国 2030" 规划纲要》将儿童早期发展作为推动儿童健康工作的一项重要内容正式纳入，到国家卫生健康委员会发布《母婴安全行动计划（2018－2020 年）》和《健康儿童行动计划（2018－2020 年）》，再到《关于实施健康中国行动的意见》发布，都明确提出要解决好儿童等重点人群的健康问题，儿童早期综合发展受到越来越多的关注。

　　上海市委、市政府高度重视儿童健康，全面推进儿童健康服务能力建设专项规划，持续增加儿童健康服务供给，深入推进儿科联合体有效运行，加强技术支撑和辐射，提高各级医疗机构儿科服务同质化水平，提升基层儿童健康服务能力和水平，注重医防融合，做好健康教育，推进以儿童为中心的"预防－筛查－诊断－治疗－康复"全周期健康服务，持续夯实儿童保健系统管理，让儿童享有便捷、均等、优质、连续的健康服务。

　　婴幼儿以及儿童是生命之始，对他们的养育指导也是健康服务的重中之重。0～5岁是儿童身心健康发展的重要阶段，其体格和神经心理发育都处于日新月异的变化中，从最初需要父母全面精心呵护的新生儿，逐渐发展为运动灵活、语言丰富，具有自主意识、适应和学习能力，并能融入集体生活的独立个体，促进儿童身心素质全面均衡发展，塑造良好品格，是引导、培养其成人的重要综合手段。幼有所育，就是对0～5岁儿童的养育、抚育，既是保育，也是教育，关系到儿童的身心健康发展。随着传统的生物医学模式向生物—心理—社会医学模式的转变，儿童行为发育学成为儿科学的基础和一个独立分支快速发展起来，特别在重视全民健康素质、关注儿童早期发展的当下，儿童行为发育学得到高度重视。

　　我国著名儿童保健学家、中华医学会儿科分会行为发育学组的创建人金星明教授师承我国著名儿科医学家、教育家，儿童保健事业奠基人郭迪教授，四十余年来为了推动行为发育学的创建和发展倾注全部心血，步入古稀之年仍辛勤耕耘。她主编的这本《聪明宝宝　智慧养育》，凝聚了多年临床实践经验，以儿童早期发展时期为脉络，重点介绍了儿童体格生长和发育，喂养技巧、饮食和营养，动作和运动发育，认知包括语言、情感和社会交往的发育，意外伤害防范，计划免疫及儿童生长发育的自我监测等一系列内容，配以通俗的文字、精美的插图，兼备便于携带等特色，是集儿童保健学和行为发育学之大成的一本科普佳作。

　　儿童的早期发展质量是影响其一生的，在儿童早期发展过程中，医生、教师、家长都扮演着重要的角色，对儿童未来的发展和幸福具有重大意义。这本科普读物是儿童早期发展领域诊治技术、预防干预、健康管理等方面新理念、新探索、新技术和新成果的集中展示，不仅凝聚了著名儿童保健专家们的丰富临床实践，也包含了对儿童健康成长的拳拳爱心，它的出版必将为推进健康中国、健康上海建设，共同托起儿童健康事业的美好明天发挥重要作用！

幼有所育是一种责任，更是一个承诺。今天的儿童，生长在祖国日益繁荣富强的改革年代，成长在中华民族日益实现复兴的伟大时代，向守护儿童健康，关心关爱下一代成长，推动儿童健康事业发展的儿童保健专家们致以崇高的敬意！

上海市卫生健康委员会党组书记　黄　红

2020 年 2 月

前　言

　　儿童是国家的未来，家庭的希望。良好的生命开端及发展是每一名儿童应有的权利。"幼有所育"已成为我国促进儿童早期发展的一个宗旨。

　　儿童早期发展的速率超过全生命周期的任何阶段，尽管生长发育呈现一定的规律，但是个体成长轨迹的差异很大，其中环境和科学养育极大地影响儿童的早期发展。

　　为了保障儿童早期的身心健康，我们对家长提出了"智慧养育"的概念，以科学性为主导，让家庭了解儿童早期的生长特点、发育的"里程碑"、丰富的环境刺激、意外伤害的防范和疫苗接种等知识，将其灵活应用于养育实践，贯穿在家庭生活中，使我们的宝宝个个都聪明健康。

　　我们把儿童从出生至5岁的这段时期分为0~1个月、1~3个月、4~6个月、7~9个月、10~12个月、13~18个月、19~24个月、2~3岁、3~4岁和4~5岁等十个年龄段。儿童在这个过程中从生存到适应、从运动到语言、从交流到学习，经历着十分惊人的变化。智慧养育遵循儿童的千变万化的发展规律，这是促进儿童早期发展的关键。

金星明

2020年2月

目 录

第一章

0～1个月

体格生长

新生儿离开安全、舒适的宫内环境，需要逐步适应外界环境，开始一种新的生活方式。因此，做好新生儿的保健显得尤为重要。

1. 外观

头大，躯干长，头部与全身的比例为1：4。胸部多呈圆柱形；腹部呈桶状。四肢短，常呈屈曲状。

2. 体重

新生儿出生时平均男婴体重为3.3千克，女婴为3.2千克。出生1个月内新生儿体重增长应为胎儿宫内体重生长曲线的延续，1个月内体重平均将增加1～1.7千克。

生后1周内因奶量摄入不足，加之水分丢失、胎粪排出，可以出现暂时性体重下降或生理性体重下降，在生后第3～4日达最低点，下降范围为3%～9%，以后逐渐回升，至出生后第7～10日，应恢复到出生时的体重。

3. 身长

应仰卧位测量身长。出生时身长平均为50厘米，生后第一个月身长将增加2.5～4厘米。头围将增加1.25厘米。

1. 纯母乳喂养

纯母乳喂养是指只给婴儿提供母乳，而不给其他任何食物，包括水在内。但富含维生素、矿物质或药品成分的滴剂和糖浆是允许的。

理想情况下，婴儿6个月内应纯母乳喂养，无需给婴儿添加其他食物，以免婴儿减少母乳摄入，进而影响母亲乳汁分泌。从6个月起，在合理添加其他食物的基础上，可继续母乳喂养。

2. 为什么推荐母乳喂养

母乳喂养对母亲和儿童都存在短期以及长期的好处，包括保护儿童，抵抗各种急、慢性疾病。

➧ 降低新生儿死亡率和发病率。

➧ 减少患长期免疫系统疾病的风险，如哮喘和其他特应性疾病，以及1型糖尿病、腹泻、溃疡性结肠炎和克罗恩病。

➧ 肥胖的发生率和心血管疾病的发生率，在母乳喂养的儿童中更低，母乳喂养的时间越长，发生肥胖的风险越低。

➧ 提高智力发育水平。母乳喂养的儿童在认知功能方面优于人工喂养的儿童，母乳喂养的时间越长，儿童后期乃至成人期的智力发育水平越高。

➧ 增加母子（女）互动，促进依恋的发展。

➧ 对母亲也益处多多。分娩后立即开始哺乳可减少产后出血的风险，母乳喂养的母亲发生乳腺癌和卵巢癌的风险也更低。

3. 良好的母乳喂养方法

（1）产前准备

母亲孕期体重适当增加（12～14千克），贮存脂肪以供哺乳能量的消耗。母亲孕期增重维持在正常范围内，可减少妊娠糖尿病、高血压、剖宫产、低出生体重儿、巨大儿和出生缺陷及围生期死亡的危险。

（2）尽早开奶

生后 2 周是建立母乳喂养的关键时期。产后 30 分钟内应帮助新生儿尽早实现第一次吸吮，这对成功建立母乳喂养十分重要。

（3）促进乳汁分泌

✦按需哺乳：1 月龄内婴儿应频繁吸吮，每日不少于 8 次，可使母亲的乳头得到足够的刺激，促进乳汁分泌。

✦乳房排空：吸吮产生的"排乳反射"可使新生儿短时间内获得大量乳汁；每次哺乳时应强调喂空一侧乳房，再喂另一侧，下次哺乳则从未喂空的一侧乳房开始。

✦乳房按摩：哺乳前热敷乳房，从外侧边缘向乳晕方向轻拍或按摩乳房，有促进乳房血液循环、乳房感觉神经传导和泌乳的作用。

✦母亲生活安排：母亲身心愉快、充足睡眠、合理营养（需额外增加能量 500 千卡／日），可促进泌乳。（注：1 千卡≈4.18 千焦）

4. 正确的母乳喂哺技巧

（1）哺乳前准备

等待哺乳的新生儿应是清醒状态、有饥饿感，并已更换干净的纸尿裤。哺乳前让新生儿用鼻推压或用舌舔母亲的乳房，哺乳时新生儿的气味、身体的接触都可刺激母亲的排乳反射。

（2）哺乳方法

斜抱式（摇篮式）

每次哺乳前，母亲应洗净双手。正确的喂哺姿势有斜抱式、卧式、抱球式。无论用何种姿势，母亲都必须使自己（特别是背部）保持放松、舒适，没有压力。如果坐着哺乳，背部应有倚靠物，在背部不前屈的状态下，把新生儿抱在胸前。母亲用手支撑乳房时，

四指应伸直沿着胸壁托起乳房，拇指放在乳房的上面。手指不应该放在乳晕或乳头附近，这样会干扰新生儿与母亲的接触。

让新生儿的头和身体呈一条直线，新生儿身体贴近母亲，头和颈得到支撑，贴近乳房，鼻子对着乳头。正

侧卧式

确的含接姿势是新生儿的下颌贴在乳房上，嘴张得很大，将乳头及大部分乳晕含在嘴中，新生儿下唇向外翻，嘴上方的乳晕比下方多。新生儿慢而深地吸吮，能听到吞咽声，表明含接乳房姿势正确，吸吮有效。哺乳过程注意母子（女）互动交流。

母乳喂哺时正确的含接

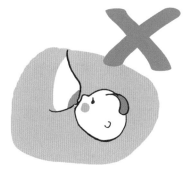

母乳喂哺时含接不充分

（3）哺乳次数

1月龄内的新生儿应按需哺乳。24小时母乳摄入量波动很大，平均每天800毫升。新生儿应当在按需喂养中保证令人满意的生长发育速度。新生儿每次哺乳都不会把乳房内的乳汁全部摄入，而是乳汁的63%～72%。新生儿哺喂中停止吸吮可能是吃饱了，母亲的泌乳量有很

大的个体差异，母乳是否足够还需与新生儿体重增长的情况结合起来评估。

5. 常见的母乳喂养问题

（1）乳量不足

正常产后 6 个月内，母亲每天的泌乳量随新生儿月龄增长逐渐增加，成熟乳量平均每日 700 ~ 1 000 毫升。新生儿母乳摄入不足可出现下列表现。

✦ 体重增长不足，生长曲线平缓甚至下降，尤其新生儿期体重增长低于 600 克。

✦ 尿量每天少于 6 次。

✦ 吸吮时不能闻及吞咽声。

✦ 每次哺乳后常哭闹不能安静入睡，或睡眠时间小于 1 小时（新生儿除外）。

若确因乳量不足影响新生儿生长，应劝告母亲不要轻易放弃母乳喂养，可适当用配方奶补充母乳不足。

（2）乳头内陷或皲裂

乳头内陷需要产前或产后做简单的乳头护理，每日用清水（忌用肥皂或酒精之类）擦洗、挤、捏乳头，母亲亦可用乳头矫正器矫正乳头内陷。母亲应学会"乳房喂养"而不是"乳头喂养"，大部分新生儿仍可从扁平或内陷乳头中吸吮乳汁。每次哺乳后可挤出少许乳汁均匀地涂在乳头上，乳汁中丰富的蛋白质和抑菌物质对乳头表皮有保护作用，可防止乳头皲裂及感染。

（3）溢奶

喂奶后宜将新生儿头靠在母亲肩上竖直抱起，轻拍背部，可帮助排出吞入的空气而预防溢奶。新生儿睡眠时宜右侧卧位，可预防睡眠时溢奶而致窒息。若经指导后新生儿溢奶症状无改善，或体重增长不良，应及时转诊。

（4）母乳性黄疸

母乳性黄疸是指纯母乳喂养的健康足月儿或近足月儿生后2周后发生的黄疸。母乳性黄疸的婴儿一般体格生长良好，无任何临床症状，无需治疗，黄疸可自然消退，应继续母乳喂养。若黄疸明显，累及四肢及手足心，应及时就医。如果血清胆红素水平为15～20毫克／毫升，且无其他病理情况，建议停喂母乳3天，待黄疸减轻后，可恢复母乳喂养。

停喂母乳期间，母亲应定时挤奶，维持泌乳，新生儿可暂时用配方奶替代喂养。再次喂母乳时，黄疸可有反复，但不会达到原有程度。

（5）母亲外出时的母乳喂养

母亲外出或上班后，应鼓励母亲坚持母乳喂养。每天哺乳不少于3次，外出或上班时挤出母乳，以保持母乳的分泌量。

母乳保存方法

母亲外出或母乳过多时，可将母乳挤出存放至干净的容器或特备的"储奶袋"，妥善保存在冰箱或冰包中，不同温度下母乳储存时间可参考下表，食用前用温水加热母乳至40℃左右即可喂哺。

储存条件	最长储存时间
室温（25℃）	4小时
冰箱冷藏室（4℃）	48小时
冰箱冷冻室（-20℃）	3个月

6. 不宜母乳喂养的情况

◆母亲正接受化疗或放射治疗。

◆母亲患活动期肺结核且未经有效治疗。

◆母亲患乙型肝炎且新生儿出生时未接种乙肝疫苗及乙肝免疫球蛋白。

◆母亲有人类免疫缺陷病毒（HIV）感染、乳房疱疹、吸毒等情况。

◆母亲患其他传染性疾病或服用药物时，应咨询医生，根据情况决定是否可以哺乳。

7. 部分母乳喂养

母乳与配方奶同时喂养为部分母乳喂养或混合喂养，1月龄内新生儿母乳不足时，仍应维持必要的吸吮次数，以刺激母乳分泌。每次哺喂时，先喂母乳，后用配方奶补充母乳不足。

8. 人工喂养——配方奶喂养

（1）喂养次数

因新生儿胃容量较小，生后 1 个月内可按需喂养。允许每次奶量有波动，不应刻板要求摄入固定的奶量。

（2）喂养方法

在新生儿清醒状态下，采用正确的姿势喂哺，并注意母子（女）互动交流。应特别注意选用适宜的奶嘴，奶液温度应适当，奶瓶应清洁，喂哺时奶瓶瓶身与新生儿下颌呈 45°。奶液宜即冲即食，不宜用微波炉热奶，以避免奶液受热不均或过烫。

（3）奶粉调配

应严格按照产品说明的方法进行奶粉调配，避免过稀或过浓，或额外加糖。

（4）奶量估计

1月龄内新生儿奶量每日约500毫升，并逐渐递增。

（5）治疗性配方奶选择

➥水解蛋白配方：对确诊为牛乳蛋白过敏的婴儿，应坚持母乳喂养，可母乳喂养至2岁，但母亲要限制奶制品的摄入。如不能进行母乳喂养而牛乳蛋白过敏的婴儿应首选氨基酸配方奶或深度水解蛋白配方奶，不建议选择部分水解蛋白配方奶、大豆配方奶。

➥无乳糖配方：对有乳糖不耐受的婴儿应使用无乳糖配方奶（以蔗糖、麦芽糖糊精、玉米糖浆等为碳水化合物来源的配方奶）。

➥低苯丙氨酸配方：确诊苯丙酮尿症的婴儿应使用低苯丙氨酸配方奶。

9. 识别新生儿饥饿及饱腹信号

新生儿饥饿时可出现觅食反射、吸吮动作或双手舞动；大声哭吵是新生儿表示饥饿的信号。而当新生儿出现停止吸吮、张嘴、头转开等表现，往往代表饱腹感，不要再强迫新生儿进食。

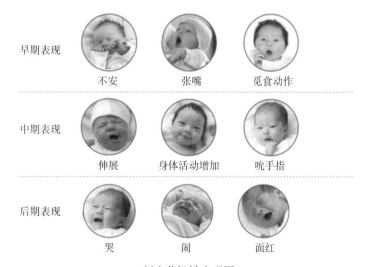

新生儿饥饿表现图

10. 营养补充剂的使用

所有新生儿都需在出生第一天常规肌内注射 $0.5 \sim 1.0$ 毫升的维生素 K_1 以降低新生儿出血性疾病的风险。注射时间应选在生后第一次进行母乳喂养之后，但必须保证在婴儿出生后的 6 小时之内。不要使用口服维生素 K。

新生儿在出院后就需要开始每天口服 400 国际单位的维生素 D。早产儿、双胎儿出生后即应每天口服维生素 D $800 \sim 1\,000$ 国际单位，3 个月之后改为 400 国际单位 / 天。

早产 / 低出生体重儿出院后喂养

出生体重 < 2 000 克、出生后病情危重或并发症多、完全肠外营养 > 4 周，或体重增长缓慢的早产 / 低出生体重儿，出院后需到有诊治条件的医疗保健机构定期随访，在专科医生的指导下进行强化母乳、早产儿配方奶或早产儿出院后配方奶喂养。

出生体重 ≥ 2 000 克，且无以上高危因素的早产 / 低出生体重儿，出院后仍首选纯母乳喂养，仅在母乳不足或无母乳时考虑应用婴儿配方奶。乳母的饮食和营养均衡对早产 / 低出生体重儿尤为重要。

早产 / 低出生体重儿引入其他食物的年龄有个体差异，与其发育成熟水平有关。胎龄小的早产 / 低出生体重儿引入时间相对较晚，一般不宜早于校正月龄 4 月龄，不迟于校正月龄 6 月龄。

睡眠　　　　0～1个月

1. 新生儿睡眠时间

足月正常新生儿在每昼夜 24 小时中，平均睡眠 16 ~ 18 小时，每次持续 2 ~ 3 小时，而且无昼夜节律。

2. 睡眠与环境

良好的睡眠环境主要包括以下几个方面。

（1）声音

生活在比较嘈杂环境中的新生儿出现睡眠障碍的比率要高一些。而单调的声音和慢节拍的声音，如催眠曲等，常有助于入睡。

（2）温度

合适的睡眠环境温度是很重要的，不宜过热也不宜过冷，新生儿睡觉时，应从婴儿床上拿走所有枕头和玩具等物品。

（3）湿度

空气的湿度太大或过于干燥均不利于睡眠和健康。穿的睡衣需注意舒适性及吸汗性。

（4）光亮度

夜间一般在光线较暗的环境中比较容易入睡，避免在明亮的环境下睡眠。如果新生儿恐惧黑暗或产生不安全感，可以在卧室开盏小灯，但也应在睡后熄灯。

（5）卧室

卧室颜色、家具摆置应有助于睡眠，室内空气要保持流畅。轻微规则地摇动新生儿的睡床有助于安静入睡。此外，需注意睡眠环境的安全性。

3. 睡眠习惯

（1）喂养方式与睡眠

对于 1 个月以内的新生儿，母乳喂养是首选的喂养方式。与其他喂养方式相比，母乳喂养的新生儿睡眠时间要长一些，睡眠质量也较高。但不要养成含着乳头睡觉的坏习惯。

（2）睡眠姿势

常用的睡眠姿势有 3 种：仰卧、俯卧、侧卧，各有利弊。

◆新生儿宜采取仰卧位睡眠姿势。

◆仰卧位能有效减少婴儿猝死综合征（SIDS）的发生，1 岁以内的婴幼儿适宜仰卧和侧卧交替睡。

◆喂奶后右侧卧，可防止呕吐，有利于胃内食物进入肠道。

◆患病的婴幼儿宜选择有利于疾病康复的睡觉体位：如肺炎或咳嗽剧烈者应垫高枕头，转换体位以利于痰液咳出。

◆对于正常发育的婴幼儿，睡眠姿势无特殊要求，舒适即可。

（3）入睡方式

与新生儿同床睡和同房睡都有各自的利与弊，究竟是否与婴幼儿同睡可能更多地取决于父母的意愿。

如果父母决定只从最初开始和婴幼儿同床睡一段时间，那么父母最好从婴儿满 3 个月起，就把他转移到自己的小床上去睡，但可安排在大人床旁，与父母同睡一个房间。

1. 哭闹

研究表明，约有一半的新生儿一天之中哭闹的时间超过两个小时，有 1/5 的新生儿无休止地号啕大哭并反复发作，常常令初为人父母的爸爸妈妈束手无策。更为严重的是，新生儿的持续啼哭声易使产妇产生疲劳感和绝望感而患上产后抑郁，对身心造成极大的伤害。

（1）新生儿哭闹的常见原因

◆母亲缺乏母乳喂养的信心。

◆母亲喂养姿势不当。

◆乳头过短或凹陷、弹性差。

◆乳房充盈过度、乳腺管不通畅。

◆没有足够的母乳。

（2）解决的策略

母亲自身方面

◆尽早建立母子（女）感情：建立感情最敏感的阶段是出生后的最初几小时，这时的新生儿通常很安静，也很警觉。出生后 30 分钟内就与新生儿进行视线和皮肤的接触是最有成效的。

◆树立母乳喂养的信心：医护人员加强宣传教育工作，耐心疏导，帮助其树立母乳喂养的信心。

◆选择母乳喂养的正确体位：母乳喂养姿势不当，新生儿将会因体位不舒适而哭闹，故要采取正确的姿势。

◆尽早纠正扁平、内陷乳头。

◆防止乳房过度充盈：过度充盈，新生儿含接乳头困难，吸吮比较费力，导致新生儿哭闹。因此，哺乳前乳房应湿热敷 5 分钟，挤出部分乳汁使乳晕变软，以便新生儿正确含接乳头和大部分乳晕。避免经常使用吸奶器，防止因乳头皲裂而减少哺乳的次数，以致乳房过度充盈进一步加重。

◆加强营养，保证睡眠，促进乳汁的分泌。

新生儿方面

◆包裹：胎儿在子宫里是被紧紧包裹着的。专家认为"襁褓法"可以让新生儿感觉像是重新回到了子宫，获得被保护的安全感。

具体方法是使用长宽均为 1.5 米的包布将新生儿包裹好，在不妨碍新生儿正常呼吸的前提下，尽量裹得紧些。

◆侧抱：家长常常采用让新生儿平卧在怀里的姿势抱孩子，但事实上这样往往无助于安抚新生儿。专家认为，新生儿还没有准备好迎接新的环境，对他们来说，从子宫的温暖环境里出来就类似于让普通人从树上掉下来，刺激了人类与生俱来的"莫罗反射"，表现为哭闹不停。而把新生儿竖直抱起或侧抱则会关闭这一反射，让新生儿尽快安静下来。

◆声音：其实胎儿在母体中的环境并不是非常安静的，能听到包括母亲血管流动的"刷刷"声、母亲心脏跳动的声音、肠胃蠕动的声音、说话的声音等。对着新生儿的耳朵说话很有用，特别是频率较高的母亲的声音，他们可以从中获得安全感。

◆摇晃：在妈妈的子宫里，无论妈妈在走路、坐着看电视，或是睡觉时翻身，新生儿的感觉就像在海上坐船一样舒适，因此轻轻地摇晃会受到新生儿的喜欢。但专家提醒家长注意，摇晃新生儿的幅度要小而慢，不适当的摇晃可能导致新生儿身体受到伤害甚至猝死。

◆吮吸：新生儿出生前 3 个月就开始练习吮吸了。吮吸不仅能够缓解新生儿的饥饿感，还会激活大脑，让新生儿平静下来，进入满意的放松阶段。

> **注意：**极其哭闹或常常难以安抚的新生儿可能存在需要医治的问题，如疝气或胃食管反流等。

2. 抱

新生儿刚出生不久，颈肌没有完全发育好，软弱无力，如果将他的头竖起来，你会发现其头很快就垂下来。从生长发育的规律来看，90% 的新生儿在出生后 21 天才会抬头 15°，2 个半月抬头 45°，直到 3 个月才能抬头至 90°，4 个月以后就完全能抬头自如了。一般来说，通常是颈后肌的发育先于颈前肌，因此，新生儿首先会在俯卧位时抬头，然后才会仰卧位时抬头。

（1）如何抱

➡ 家长怀抱新生儿时

只能横着抱，在横抱的同时，还应该特别注意新生儿的头部，要用手托着或用前臂支撑住头部才行。

➡ 如果遇到特殊情况要竖抱新生儿时

应该用一只手托住他的头和颈部，让他的头靠在家长的肩膀上，另一只手托住他的臀部或背部，并使新生儿处于比较安稳的位置。一般到了 3 ~ 4 个月时，竖着可不必用手托住头和颈部。

➡ 怀抱新生儿时，头部位置最好在家长的左边

因为人的心脏位置在左边，胎儿在母亲的子宫里听惯了母亲心脏跳动的声音和每分钟的心率，出生后母亲怀抱他时，让他的头偎依在母亲左边近心脏的位置，当他再次聆听熟悉的心跳声时，就会产生一种亲切感。研究报道，母亲的心跳声对新生儿具有一定的安抚作用。

（2）抱的误区

新生儿初到人间，身体肌肤需要父母的爱抚，躺在父母的怀中会感到温暖和安全，这是新生儿的正常心理需求，父母应尽量满足新生儿的心理需求，这也是培养亲子关系的好方式。但是要有度的限制。

误区一： 爱不释手。只要新生儿一哭，就抱在怀里哄，尤其在晚上。

科学家研究发现：出生几周的新生儿哭闹时需要适当安慰，如果不管不问会使他们哭得更厉害，而过分的安慰和关照收效也不大。

误区二： 常常抱到新生儿睡熟后才把他放在床上。

经常抱着睡有以下弊处。

◆睡得不深，醒后常常显得无精打采，影响睡眠质量。

◆身体不舒展，全身肌肉得不到休息。

◆不利于新生儿呼出二氧化碳和吸进新鲜空气，影响新陈代谢。

◆影响母亲体力恢复和生殖器官的修复。

总之，经常抱着睡觉是弊大于利。新生儿也需要培养良好的睡眠习惯，这样不仅睡得香甜，也有利于心、肺、骨骼的发育和抵抗力的增强。

3. 疫苗接种

第一类疫苗是指政府免费向公民提供，为国家常规接种疫苗；第二类疫苗是公民自费并且自愿接种的疫苗，增加了预防疾病的种类，其中带 * 的疫苗可以按照免疫规划疫苗接种程序和疫苗说明书替代第一类疫苗。

◆新生儿出生 24 小时内接种乙肝疫苗。

◆新生儿出生的首 3 天内接种卡介苗。

◆早产儿推迟疫苗程序，根据新生儿追赶生长情况实施疫苗接种。

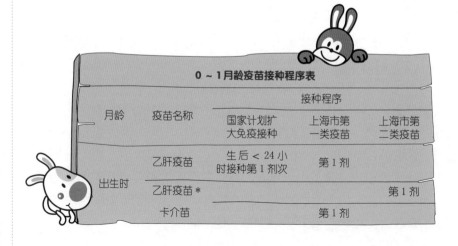

月龄	疫苗名称	接种程序		
		国家计划扩大免疫接种	上海市第一类疫苗	上海市第二类疫苗
出生时	乙肝疫苗	生后 < 24 小时接种第 1 剂次	第 1 剂	
	乙肝疫苗 *			第 1 剂
	卡介苗		第 1 剂	

0 ~ 1 月龄疫苗接种程序表

第二章

1~3个月

体格生长 1~3个月

1~3个月的婴儿继续保持着新生儿期的快速生长速度，平均每个月体重增长 1 000 ~ 1 200 克；身长增长约 4 厘米。女孩体重和身长增长均比男孩略慢。如果是早产、双胎或低出生体重的婴儿（出生体重低于 2 500 克），出生后身长和体重可能不在以下参考值范围内，建议使用生长曲线监测自身的生长速率。如果生长曲线呈上翘或平行趋势都属于正常范畴。

男女婴儿身长和体重的参考值如下。

儿童体格发育全国参考标准（1 ~ 3 月龄）				
月龄	体重参考值（千克）		身长参考值（厘米）	
	男	女	男	女
1 个月	3.09 ~ 6.33	2.98 ~ 6.05	48.70 ~ 61.20	47.90 ~ 59.90
2 个月	3.94 ~ 7.97	3.72 ~ 7.46	52.20 ~ 65.70	51.10 ~ 64.10
3 个月	4.69 ~ 9.37	4.40 ~ 8.71	55.30 ~ 69.00	54.20 ~ 67.50

喂养 1~3个月

提倡母乳喂养，母乳不够可以补充配方奶，不能母乳喂养或无母乳则人工喂养。该年龄段的婴儿以按需哺乳为主，一般来说，每 2 ~ 3 小时喂一次，但不必硬性规定时间，也无需在两次吃奶间隔中喂水。

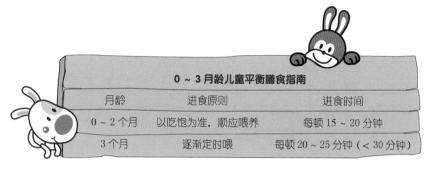

0~3月龄儿童平衡膳食指南		
月龄	进食原则	进食时间
0~2个月	以吃饱为准，顺应喂养	每顿 15~20 分钟
3个月	逐渐定时喂	每顿 20~25 分钟（< 30 分钟）

1~3个月的婴儿昼夜节律尚未建立，容易出现日夜颠倒的睡眠现象，一般 2~3 个月逐渐建立正常的昼夜节律。睡眠 16~18 小时，白天约睡 4 次，每次 1.5~2 小时，夜间睡 10~12 小时。但睡眠的时间和规律个体差异较大，这与婴儿的体质、家庭环境等因素有关。

1. 婴儿具备哪些能力了

（1）运动

★会更流畅和自如地摆动身体及四肢，偶尔会用力伸直双脚或踢腿。

◆俯卧时能抬起头，3 个月时抬头稳。

◆扶宝宝坐位时头不会晃来晃去。

◆会逐渐放松及张开手掌。

◆会把手放到嘴边吸吮。

◆会用力摆动身体和双手，尝试触摸悬垂的物品。

（2）视觉

◆张望四周的环境。

◆会注视人的脸，尤其是妈妈的脸。

◆能从较远处（1～2 米外）认出熟悉的人，视线会跟随熟悉的人移动。

◆视线和头部会追随物品而左右转动。

◆会注视和玩弄自己的小手。

（3）听觉

✦头部会随声音（如妈妈的声音）
的方向移动。

✦会聆听音乐。

（4）语言

✦听到熟悉的声音会笑，听见妈妈的声音会笑得更高兴。

✦开始模仿或发出某些声音如"咕咕"声和"呀呀"声。

✦会以微笑与人沟通，尤其是熟悉的人。

✦模仿妈妈的表情。

✦会用哭闹、发出"咕咕"
声、不同的表情和身体语言
表达自己的情绪和需要。

✦喜欢别人和他嬉戏，
停止嬉戏时或会哭闹。

（5）心理发展

✦出现"诱发性微笑"。

✦对母亲的脸偏爱。

2. 促进婴儿发展

这时候婴儿需要妈妈经常安抚才会有安全感，这样可培养他对妈妈的信任。

（1）你可以做的

✦对婴儿的需要作出回应性反应。

✦搂他、抱他、和他说话、唱歌给他听。

✦让婴儿从不同角度及位置探索四周环境。

✦逗他玩时不一定要仰卧在床上，可以让婴儿俯卧。这样不但可强化他颈部肌肉，还可让他更容易地观察四周。

✦当婴儿能支撑自己的头部时，抱他的时候可以让他面向外边，看看四周的景物。

（2）你可以选择的玩具

✦摇铃，让婴儿握住摇动。

✦色彩夺目、会发声的悬垂玩具。

✦播放悠扬音乐的音乐盒、录音带或光碟。

✦把不易碎的玩具镜子挂在床边，让他看看、摸摸。

照护注意点 1~3个月

婴儿已 3 个月，如有以下情况，应请教医护人员。

- 身体软弱无力或者僵硬。
- 很少动，而且连抬头一会儿也不能。
- 总是握紧拳头不松开。
- 不会注视自己的双手。
- 对响亮的声音没有反应。
- 没有声音发出。
- 听见妈妈的声音或看见妈妈的脸也不会笑。
- 视线不会随眼前的物件移动。

常见问题处理 1~3个月

1. 溢奶

溢奶是该年龄的常见现象，表现为喂奶后不久吐几小口奶。这是由于该年龄婴儿的胃呈水平位，贲门括约肌较松，幽门括约肌较紧所致。如果婴儿体重增长良好，大多属于生理现象。应对溢奶的策略是不要频繁喂奶，每次喂奶时间间隔 2 ~ 3 小时，让胃排空后再喂，避免胃张力太高；不要强迫婴儿喝完奶瓶中的奶，也不要喝得太快；喂完奶后，竖抱婴儿并轻拍后背，让他打嗝将胃中空气排出来。

如果婴儿喝完奶 2 ～ 3 个小时后还会吐奶，或夜里经常因为吐奶而醒来，且婴儿生长不良，应及时去医院诊治以排除胃食道反流或先天性肥大性幽门狭窄。

疫苗接种 1～3个月

第一类疫苗是指政府免费向公民提供，为国家常规接种疫苗；第二类疫苗是公民自费并且自愿接种的疫苗，增加了预防疾病的种类，其中带 * 的疫苗可以按照免疫规划疫苗接种程序和疫苗说明书替代第一类疫苗。

◆1 个月：第 2 次乙肝疫苗接种；确认卡介苗接种成功，不能明确卡介苗接种效果者，请及时医疗咨询。

◆6 周：自愿选择 5 价轮状病毒疫苗第 1 次接种；自愿选择肺炎球菌 13 价结合疫苗第 1 次接种。

◆2 个月：脊髓灰质炎疫苗第 1 次接种。自愿选择 b 型流感嗜血杆菌疫苗第 1 次接种。或自愿选择五联疫苗第 1 次接种，五联疫苗包括脊髓灰质炎灭活疫苗、无细胞百白破疫苗、b 型流感嗜血杆菌疫苗、替代脊髓灰质炎疫苗和百日咳－白喉－破伤风疫苗，可以明显减少婴儿疫苗注射频次，增加婴儿舒适度。

◆3 个月：脊髓灰质炎疫苗第 2 次接种；百日咳－白喉－破伤风疫苗第 1 次接种。自愿选择 5 价轮状病毒疫苗第 2 次接种；自愿选择肺炎球菌 13 价结合疫苗第 2 次接种。

◆早产儿补种疫苗。

1～3月龄儿童疫苗接种程序表

月龄	疫苗名称	接种程序		
		国家计划扩大免疫接种	上海市第一类疫苗	上海市第二类疫苗
1个月	乙肝疫苗	第2剂次	第2剂次	
	乙肝疫苗*			第2剂次
>6周	13价肺炎球菌多糖结合疫苗			第1剂次
	5价轮状病毒疫苗			第1剂次
2个月	脊髓灰质炎疫苗	第1剂次		
	脊灰灭活疫苗		第1剂次	
	b型流感嗜血杆菌（Hib）疫苗			第1剂次
	流脑-Hib联合疫苗（三联疫苗）*			第1剂次
	百白破-Hib-IPV联合疫苗（五联疫苗）*			第1剂次
3个月	脊髓灰质炎疫苗	第2剂次		
	脊灰灭活疫苗		第2剂次	
	百白破疫苗	第1剂次	第1剂次	
	轮状病毒疫苗			第2剂次
	13价肺炎球菌多糖结合疫苗			第2剂次

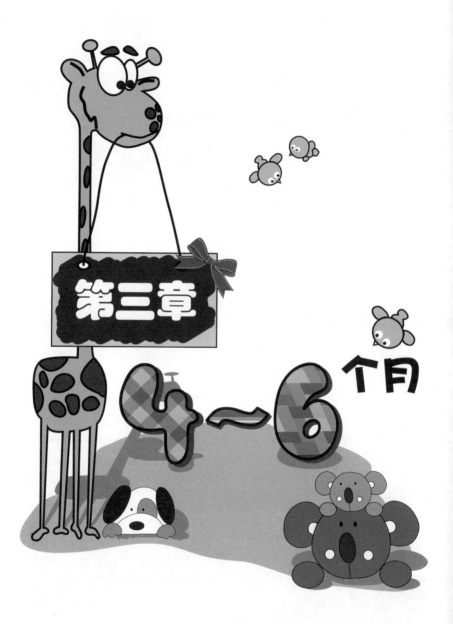

第三章

4~6个月

体格生长　　　4～6个月

4～6个月的婴儿体重和身长的增长速度比1～3个月时明显减慢，一般下降一半左右，平均每个月体重增长500～600克；身长增长约2厘米。如果是早产、双胎或低出生体重的婴儿（出生体重低于2500克），出生后身长和体重可能仍未追赶上正常，仍然建议使用生长曲线监测自身的生长速率。如果生长曲线呈上翘或平行趋势都属于正常范畴。

男女婴儿身长和体重的参考值如下。

月龄	体重参考值（千克）		身长参考值（厘米）	
	男	女	男	女
4个月	5.25～10.39	4.93～9.66	57.90～71.70	56.70～70.00
5个月	5.66～11.15	5.33～10.38	59.90～73.90	58.60～72.10
6个月	5.97～11.72	5.64～10.93	61.40～75.80	60.10～74.00

儿童体格发育全国参考标准（4～6月龄）

喂养　　　4～6个月

继续坚持母乳喂养或配方奶粉喂养，4个月开始逐渐按时哺乳，3～4小时一次。当婴儿每天奶量达到800毫升左右，体重达到

6.5 ~ 7.5 千克，可在大约 6 个月时添加辅食。辅食添加顺序先是强化铁的米粉，接着蔬菜泥、水果泥，然后鱼泥、肝泥、豆制品，最后为猪肉、牛肉、羊肉、鸡肉、鸭肉等。辅食均用小匙喂食，让婴儿学会和习惯用匙，充分锻炼咀嚼和吞咽功能。辅食添加原则是从一种到多种，逐渐增加，从稀到稠，每次喂食控制在 30 分钟内，在饥饿时喂，每次进食量不强求。

4 ~ 6 月龄儿童平衡膳食指南

月龄	进食原则	进食时间
4 ~ 5 个月	定时喂养	5 ~ 6 顿 / 天 隔 3 ~ 4 小时喂一次
6 个月	加辅食以不影响奶类摄入为限（800 毫升 / 天）	5 ~ 6 顿 / 天 （包括 4 ~ 5 次奶和 2 次谷类）

睡眠 4~6个月

4 ~ 6 个月的婴儿昼夜节律已经建立，睡眠时间每天 15 ~ 17 小时，白天睡 3 ~ 4 次，每次 1.5 ~ 2 小时，夜间睡眠 10 小时。但睡眠的时间和规律个体差异较大，这与婴儿的气质、身体状况、家庭环境等因素有关。

发育水平及促进 4～6个月

1.婴儿具备哪些能力了

（1）运动

✦俯卧抬头并同时能自由转动头部。

✦扶坐时间更长，6个月时能双手向前撑坐。

✦伸手抓取物品。

（2）视觉

✦头可跟随物体水平转动180°。

✦目光可随上下移动的物体垂直方向移动90°。

✦喜爱鲜艳明亮的颜色。

（3）听觉

✦头会转向声源。

✦对自己的名字有反应。

宝宝

（4）语言

✦ 分辨警告和亲切的语气。

✦ 发声以引起他人的注意。

✦ 发声很多，且发声时高兴。

✦ 开始发单音节（ba、ma、da）。

✦ 当别人说话时能发出声音作回答。

（5）认知发展

在这段时间，婴儿会不断地吸收外界的信息，并将所学的应用于日常生活中。掌握"因果关系"的概念，比如他会发现摇动摇铃，可以发出声音。婴儿知道他能够令有趣的事情发生，于是便会乐此不疲地作种种尝试。喜欢重复地扔玩具（如摇铃）或其他物品（如钥匙）来发出声响。

（6）情绪和社会性发展

开始对周围的人持选择的态度，产生了对母亲的特别依恋之情，看到陌生人则变得敏感、呆板、躲避，甚至会哭，不喜欢陌生人抱。

2. 促进婴儿发展

4个月的婴儿爱与人交往，应把握这机会让他与母亲或主要照顾他的人建立稳固的依恋关系，使他更有信心接触及探索这个世界。因此，不要随便转换照护人。经过这几个月，婴儿的脾性气质已比较明显。每个婴儿的脾性气质都不同，因此，需要花些时间了解他的特性，才能找出最合适他们的活动和沟通方式。

（1）你可以做的

✦ 让婴儿俯卧（趴着），然后用发声的玩具哄他抬起头，挺起胸部，也可借助有趣的玩具来吸引他侧身、翻身。

✦ 让婴儿练习扶坐，或在坐位时玩耍。

✦ 将色彩缤纷的玩具放在婴儿眼前。

✦ 经常对婴儿说话，重复他发出的声音，并鼓励他模仿语音。

（2）你可以选择的玩具

✦摇铃和其他用不同物料制成、色彩鲜艳或会发声的玩具，可吸引婴儿用手玩弄。

✦不易碎的镜子，让他观看镜中影像。

✦色彩缤纷的图画；用布、硬纸卡片或塑料制成的婴儿图书，跟他一起看看、说说。

照护注意点　　　4～6个月

宝宝已6个月，如有以下情况，应请教医护人员。

✦很少舞动四肢或四肢活动不对称。

- ➥ 坐着的时候不能支撑头部。
- ➥ 不会伸手抓取、握住物品。
- ➥ 无论远近，视线都不会随物品移动。
- ➥ 对别人的叫唤没有反应。
- ➥ 听到声音时不会转头寻找声音从何处来。
- ➥ 甚少或不会发出任何声音。
- ➥ 身体僵硬或四肢无力。

常见问题处理　　4~6个月

1. 拒绝辅食

如果婴儿吃辅食时出现拒绝、恶心甚至呕吐，这都属于正常现象，家长应沉着应对，反复尝试，不能因此而放弃。但假如婴儿进食某种辅食后出现皮疹、呕吐、腹泻、食欲显著降低，则应暂停此种辅食，并及时去医院就诊。过敏体质或已有母乳或配方奶过敏的婴儿，建议在辅食添加前进行食物过敏的检测。

2. 体重增长缓慢

如果婴儿的体重偏离生长曲线而趋势向下，则属于体重增长不理想，需要寻找原因。首先考虑喂养方式的问题，主要是奶量摄入不足（少于 800 毫升）；辅食添加过早或过多；低能量密度的食物摄入过多（如水、果汁或水果、米汤）；餐次过于频繁，导致胃没有充分排空。正确的喂养方式是在奶量基本保证 800 毫升的前提下添加一次米粉，每 3 ~ 4 小时进食。如婴儿仍有食欲，可考虑适当添加水或水果；如无法添加水或水果，则不必勉强，更不可以水或果汁代替母乳或配方奶。此外，还要考虑是否存在食物过敏或食物不耐受、胃肠道疾病等，必要时去医院就诊。

疫苗接种　　　　　4～6个月

第一类疫苗是指政府免费向公民提供，为国家常规接种疫苗；第二类疫苗是公民自费并且自愿接种的疫苗，增加了预防疾病的种类，其中带＊的疫苗可以按照免疫规划疫苗接种程序和疫苗说明书替代第一类疫苗。

◆4个月：脊髓灰质炎疫苗第3次接种；百日咳－白喉－破伤风疫苗第2次接种。自愿选择b型流感嗜血杆菌疫苗第2次接种。或自愿选择五联疫苗第2次接种，替代脊髓灰质炎疫苗和百日咳－白喉－破伤风疫苗，且b型流感嗜血杆菌疫苗也包括在内，可以明显减少婴儿疫苗注射频次，增加婴儿舒适度。

◆5个月：百日咳－白喉－破伤风疫苗第3次接种。自愿选择5价轮状病毒疫苗第3次接种；自愿选择肺炎球菌13价结合疫苗第3次接种。

◆6个月：第3次乙肝疫苗接种。A群脑膜炎球菌多糖疫苗第1次或自愿选择A+C群脑膜炎球菌结合疫苗接种第1次。自愿选择b型流感嗜血杆菌疫苗第3次接种。或自愿选择五联疫苗第3次接种。

◆早产儿补种疫苗。

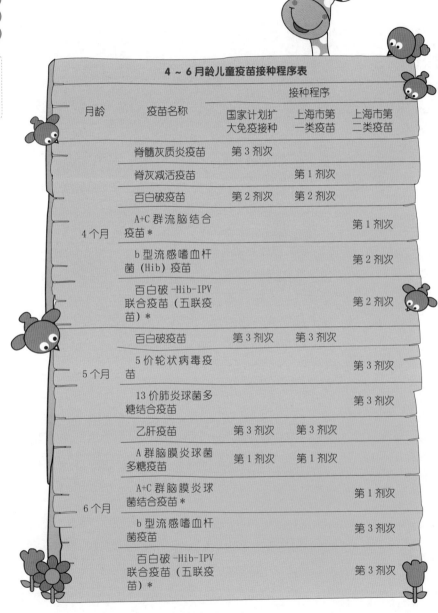

4～6月龄儿童疫苗接种程序表

月龄	疫苗名称	接种程序		
		国家计划扩大免疫接种	上海市第一类疫苗	上海市第二类疫苗
4个月	脊髓灰质炎疫苗	第3剂次		
	脊灰减活疫苗		第1剂次	
	百白破疫苗	第2剂次	第2剂次	
	A+C群流脑结合疫苗*			第1剂次
	b型流感嗜血杆菌（Hib）疫苗			第2剂次
	百白破-Hib-IPV联合疫苗（五联疫苗）*			第2剂次
5个月	百白破疫苗	第3剂次	第3剂次	
	5价轮状病毒疫苗			第3剂次
	13价肺炎球菌多糖结合疫苗			第3剂次
6个月	乙肝疫苗	第3剂次	第3剂次	
	A群脑膜炎球菌多糖疫苗	第1剂次	第1剂次	
	A+C群脑膜炎球菌结合疫苗*			第1剂次
	b型流感嗜血杆菌疫苗			第3剂次
	百白破-Hib-IPV联合疫苗（五联疫苗）*			第3剂次

第四章

7~9 个月

体格生长 7～9个月

1.体重和身长参考值

儿童体格发育全国参考标准（6～9月龄）				
月龄	体重参考值（千克）		身长参考值（厘米）	
	男	女	男	女
6个月	5.97～11.72	5.64～10.93	61.40～75.80	60.10～74.00
8个月	6.46～12.60	6.13～11.80	63.90～78.90	62.50～77.30

2.体重和身长增长的速率和规律

本阶段婴儿生长速度开始下降，比4～6个月时的增长速度下降近一半，平均每个月体重增长0.25～0.3千克，身长增长约1厘米。

然而，每一个婴儿都有自己的生长速度，因此应该根据生长发育图，检查婴儿的生长曲线走势是否与正常生长规律相一致。

喂养 7～9个月

1.奶量

每天需喂奶4～5次，全天奶量在700～900毫升，可继续母乳喂养。

2. 辅食添加

无论奶量是否充足，6个月的婴儿都应该添加辅助食品了。每天可逐渐增加到两顿辅食，辅食种类包括干、软食物，如粥、烂面、馄饨、面包片、饼干、瓜果片等，逐渐增加动物性食物，如鱼类、蛋类、肉类等。

6～9个月是婴儿学会吃饭的关键期，食物的质地应从泥（茸）状逐渐过渡到碎末状，以增加食物的能量密度，保证婴儿的营养需求，帮助婴儿学习吞咽和咀嚼。

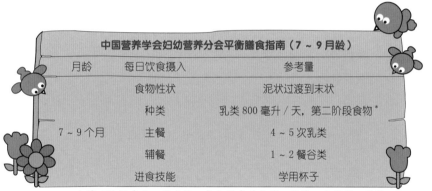

中国营养学会妇幼营养分会平衡膳食指南（7～9月龄）		
月龄	每日饮食摄入	参考量
7～9个月	食物性状	泥状过渡到末状
	种类	乳类800毫升/天，第二阶段食物*
	主餐	4～5次乳类
	辅餐	1～2餐谷类
	进食技能	学用杯子

*第二阶段食物：碎末状、条状软食（水果、蔬菜、鱼肉类、蛋类、豆类）

3. 口腔运动功能训练

学习用乳牙咬、咀嚼：可给婴儿薄的烤馒头片、饼干、水果片、软的蔬菜条、肉末等较粗糙的食物，锻炼婴儿口腔的咀嚼及吞咽功能。

使用小匙：使用小匙喂婴儿辅食，包括喝汤。

4. 学习用杯子喝水

用杯子喝水有许多优点，可以让婴儿从吸吮液体过渡到喝水吞咽，促进婴儿的手口协调。可用婴儿杯或小杯，放少量水，向他示范如何用杯子喝水，有的婴儿刚开始几天可能会把杯子当做玩具，家长要有耐心，每天坚持练习，让婴儿学习双手捧杯，成人拿着杯，慢慢往婴儿口中倒入少量水，逐渐让婴儿学会自己用杯子喝水。

发育水平及促进　　7～9个月

1. 婴儿具备哪些能力了

（1）大运动

◆能双向翻身。

◆独坐稳，并能左右转身，扶着支撑物学站立。

◆俯卧时能用手支撑胸腹，使身体离开床面，在原地转动，用上肢向前爬。

（2）手功能

◆双手玩弄小物体。

◆逐渐学会用拇指、食指取小物体。

◆将物体从一手转移到另一手，出现捏、敲等探索性活动。

（3）语言

◆模仿成人发音。

◆对叫自己的名字有反应。

◆能通过音调辨别他人的情绪。

◆利用声调表达喜悦与不高兴。

◆能一连串音节地学语，如"papa，mama，dada"。

（4）视觉

✦喜欢色彩缤纷的图画。

✦用眼睛追踪快速移动的物体。

✦出现眼手协调动作。

✦能注视及追随近距离（30～40厘米）的小物体（如糖豆），可较长时间看3～3.5米的人物活动。

（5）认知

✦懂得"因果关系"的概念，当婴儿摇动物品能发出声音时，便会反复地去做。

✦开始懂得"物体永存"的概念，尝试追寻藏起来的物品和人，这也是建立安全感的基础。

（6）心理发展

✦**情绪和社会性发展**：这段时期是婴儿的情绪萌发时期，也是情绪情感健康发展的敏感期，表现出认生（避开眼光、皱眉、哭、减少活动、紧偎母亲等）；对玩具发声（笑、尖叫、模仿发音）。

✦**注意的发展**：婴儿对周围的一切充满好奇，喜欢注视周围更多的人和物，但注意力难以维持，很容易从一个活动转向另一个活动，会把注意力集中到色彩鲜艳的有响声的玩具上。

✦**自我发展**：开始萌发自我的表现，如照镜子时，会用手触摸镜子中的自己，亲吻镜中自己的笑脸等。

✦**模仿力的发展**：婴儿逐步出现模仿能力，他能看着大人的嘴巴模仿发"啊"等音，模仿拍手鼓掌、挥手再见、摇头等，学玩两只小手指碰触的"斗斗飞"。

✦**观察力的发展**：婴儿开始有了观察的萌芽，拿到所有东西都要翻来覆去看看、摇摇，放入口中咬咬。能注意远处活动的东西，将一个玩具藏在围巾下面，他会掀开围巾寻找玩具。

2. 促进婴儿发展

（1）学坐

6个月后，开始训练婴儿的坐，此时婴儿身体不能保持平衡，小心身体倾斜。当婴儿能稳定地独坐后可着重训练婴儿的平衡能力。让婴儿独坐在床上或地铺上，训练婴儿坐着转头转身。训练时，不能让婴儿久坐。

（2）学爬

爬行使婴儿能主动移动身体，去探索周围环境，大大地提高婴儿认知范围。在婴儿7个月时，已具备翻身、坐等一系列能力，这时就可以训练爬行。每日练习1~2次，一般每次3~5分钟。

训练时让婴儿俯卧，在前方放个玩具，引诱他去拿，可用宽布条放在他腹部帮助托起，让婴儿上肢两肘支撑前身，下肢两膝跪下，然后成人用双手抵住婴儿脚掌，将左右脚轮流向前推动，让他借助成人的推力，手脚交叉向前移动。当婴儿能自行爬行时，可以在他前面滚球，逗引他向前爬行追球。或在他前面藏个小物件，让他因惊喜而乐于探索爬行。

（3）手功能训练

鼓励婴儿自己拿玩具，当婴儿两手能同时拿玩具时，可教婴儿两手对击玩具。可给婴儿准备一些纸张让他撕着玩。选择一些小的、可食用物品如小饼干等，让婴儿抓取。

（4）教发音

当婴儿咿呀学语时，要给他一个学习语言的环境，引导婴儿发声。对婴儿发出的声音要给予积极的应答，重复他发出的声音，给予微笑以示鼓励。婴儿到了8个月左右开始模仿发音，这时家长要用正确的发音来引导婴儿说话，平时无论在给婴儿做什么事时，要边做边说，声音要柔和，清晰地对婴儿说话，鼓励他模仿你的语音。

（5）找东西

观察力的出现，有助于婴儿理解视野中看不到的东西仍然存在的道理，这个概念就是"物体永存"原则。与婴儿玩寻找藏起来的物品和躲猫猫游戏，让他知道人和物即使看不见了，还是存在的，从而建立对人和物的安全感。

（6）玩具和图书

给婴儿色彩鲜艳、会发声、不易碎的玩具，可吸引婴儿探索性地玩耍，如小动物、娃娃、汽车。训练婴儿把名称和物体联系起来，玩娃娃时可告诉婴儿这是眼睛，这是嘴巴等，并让婴儿逐步学会模仿大人发音，认识物体名称。不易碎的镜子，让他观看镜中影像。

给婴儿色彩缤纷的图画，婴儿图片，跟他一起看看、说说。教他认识、观看图片上的生活用品和家人，并与实物或人物对应起来。

（7）多表扬

婴儿开始能听懂大人的赞扬了，他发出的声音逐渐多了，动作和情绪也更加发展，这时的他是个喜欢受表扬的婴儿。家长看到婴儿每一个小小的展示，都要及时给予鼓励，通过言语的赞扬、高兴地喝彩、夸张的表情，鼓掌、竖大拇指等动作，激励婴儿探索的兴趣，助长婴儿的自信，全家人一起欣赏赞扬婴儿的同时，让婴儿获得快乐，又营造出其乐融融的亲子氛围。

（8）适当刺激

此期的婴儿，对周围环境的兴趣日益增长，而视、听觉是他认识周围环境最重要的感觉。可以通过玩玩具来刺激他的视听发育，让他抓玩具、追踪玩具、比较玩具的外观，从而训练婴儿注视、移视和追视的能力。常给婴儿听听音乐，带他到大自然中去，看看蓝天白云、红花绿草，听听鸟鸣、小溪流水声、风刮树叶"沙沙声"，良好的感官刺激，使婴儿获得心理的安宁与美的感受，这在婴儿智力发展中有着极其重要的作用。

（9）促进亲子依恋

每位父母都应尽可能地亲手哺育婴儿，和婴儿建立深厚的感情，这对他健康发育有着极其重要的意义。父母的爱是孩子健康成长的精神食粮。这种爱体现在给婴儿喂奶、喂饭，给他洗澡、穿衣、换尿布，和他说话逗乐、抱他、亲他、陪伴他等。婴儿生活在充满爱的环境中，会感受到父母与他之间的亲近关系，会依恋和信赖父母，从而建立起早期的亲子关系。这将有助于婴儿形成积极、健康的情绪情感，养成自信、安全、敢于探索的人格特性，长大后成为感情真挚、充满爱心、心理健康的人。

照护注意点 7～9个月

1. 饮食

（1）饮食时间、次数

间隔 3.5 ～ 4 小时喂一次，一天喂 5 ～ 6 次（辅食 2 次）。

（2）良好饮食习惯培养

➡定时定点。给婴儿准备个专座，按照进食的时间，固定坐在他的小椅子上喂食。

➡专心进食。提供安静的进餐环境，让婴儿专心吃，不给他玩具。

➡与家人共进餐。婴儿 9 个月时，可以围坐在成人餐桌旁了，这样不仅让他体验进餐的氛围，还可让他从观察中习得进食技能。

2. 睡眠

（1）睡眠的时间、次数

此期的婴儿，每天睡眠需 14 ～ 16 小时，白天小睡 2 ～ 3 次，每次 1.5 ～ 2 小时，夜间睡眠 10 ～ 12 小时。

（2）睡眠习惯培养

这时的婴儿对环境改变还不敏感，是培养婴儿独自入睡的良好时期。当婴儿夜间醒来呼叫时，家长可去看看、安抚，让他知道你就在身边；但不要将婴儿抱回自己的床、摇动或者抱着婴儿走动，可以给婴儿喝点水，但不需要哺乳。

在离开他之前，轻轻说一些"宝宝该睡了"等安慰性语言，如果婴儿仍然哭闹，等待 5 分钟后，再次来到婴儿身边，安慰他一会儿，持续每隔 5 ～ 10 分钟离开，直到婴儿入睡。

3. 户外活动与体格锻炼

每天给婴儿做 1 ~ 2 次主被动操。带婴儿户外活动 2 小时，适当日照，促进体内维生素 D 的合成，可预防佝偻病，夏季要在早晚日照不甚时去户外，以舒适、不损伤皮肤为度，可以在树荫下等阴凉处活动。冬季也要坚持户外活动，增加婴儿的耐寒力，提高身体的抵抗力，减少呼吸道疾病的发生。

常见问题处理 7~9个月

1. 怕生人

这时婴儿会对陌生人感到害羞或焦虑，出现认生现象，这并不是坏现象，而是婴儿发育的一个阶段，它说明婴儿已经能辨别熟人和陌生人了。此时不要随便让陌生人突然靠近、抱起自己的婴儿，家长也不要在陌生人到来时马上离开自己的婴儿，要让婴儿与陌生人有一个熟悉过程。平时应努力创造条件，让他多与同伴接触，从与同伴交往中获得乐趣。多带他走亲访友，培养他乐于与人交往、勇敢、自信和开朗的性格，从而促进其社会性发展。

2. 发热

不同个体的正常体温略有差异，一般正常肛温在 36.9 ~ 37.5℃，舌下温度较肛温低 0.3 ~ 0.5℃，腋下温度为 36 ~ 37℃。在遇婴儿不适时，除了要密切观察婴儿的精神、神志、反应等一般情况外，还需及时测量体温。38℃以下，婴儿精神良好，诱因消除后体温很快恢复正常，多为生理性发热。主要原因有环境温度过高、出汗过多、喂奶或喂辅食后哭闹、运动、衣被过多或包裹过严等引起。遇到这种情况，应将婴儿放到通风凉快的地方、减少衣被、松解包裹，多喂水。若体温超过 38.5℃，应用冷敷法进行物理降温，及时上医院就诊。

3. 缺铁性贫血

这是因体内铁不足使血红蛋白合成减少所致，多见于 6 个月～3 岁的儿童。早产、低出生体重、双胎、人工喂养、添加辅食不合理、偏食挑食、生长发育快者，6 月后易发生缺铁性贫血。

贫血可影响婴儿的体格和智力发育，应积极预防，重点是合理喂养。首先应尽可能母乳喂养，人工喂养者应采用铁强化配方乳，5～6 个月时可逐渐添加铁强化米粉、菜泥、水果泥，7 个月后逐渐增加富含铁的动物性食品如肝泥、动物血、肉末等。此外，还要定时到社区卫生服务中心接受健康检查，早期发现及时治疗。

疫苗接种　　　　7～9个月

第一类疫苗是指政府免费向公民提供，为国家常规接种疫苗；第二类疫苗是公民自费并且自愿接种的疫苗，增加了预防疾病的种类，其中带 * 的疫苗可以按照免疫规划疫苗接种程序和疫苗说明书替代第一类疫苗。

◆7 个月：自愿选择肠道病毒 71 型灭活疫苗第 1 次接种。

◆8 个月：麻疹－风疹联合接种。乙脑减活疫苗第 1 次接种；或自愿选择乙脑灭活疫苗第 1 次接种，间隔 7～10 天乙脑灭活疫苗第 2 次接种。自愿选择肠道病毒 71 型灭活疫苗第 2 次接种。

◆9 个月：A 群脑膜炎球菌多糖疫苗接种第 2 次或自愿选择 A+C 群

脑膜炎球菌结合疫苗接种第 2 次。自愿选择轮状病毒疫苗接种 1 剂（8 个月前没有接种 5 价轮状病毒疫苗者选择第 1 剂，普通轮状病毒疫苗每年 1 剂）。

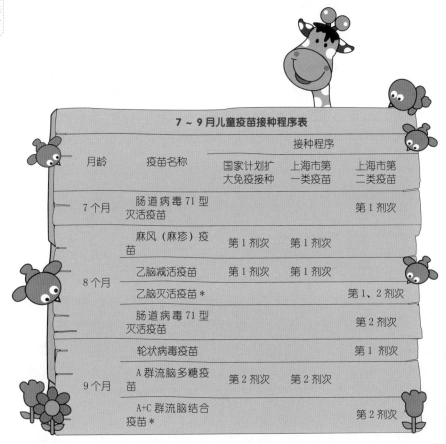

7 ~ 9月儿童疫苗接种程序表

月龄	疫苗名称	接种程序		
		国家计划扩大免疫接种	上海市第一类疫苗	上海市第二类疫苗
7个月	肠道病毒71型灭活疫苗			第1剂次
8个月	麻风（麻疹）疫苗	第1剂次	第1剂次	
	乙脑减活疫苗	第1剂次	第1剂次	
	乙脑灭活疫苗*			第1、2剂次
	肠道病毒71型灭活疫苗			第2剂次
9个月	轮状病毒疫苗			第1剂次
	A群流脑多糖疫苗	第2剂次	第2剂次	
	A+C群流脑结合疫苗*			第2剂次

第五章

10~12 个月

体格生长

1. 体重和身长参考值

儿童体格发育全国参考标准（10～12月龄）				
月龄	体重参考值（千克）		身长参考值（厘米）	
	男	女	男	女
10 个月	6. 86～13. 34	6. 53～12. 52	66. 40～82. 10	64. 90～80. 50
12 个月	7. 21～14. 00	6. 87～13. 15	68. 60～85. 00	67. 20～83. 40

2. 体重和身长增长的速率和规律

本阶段婴儿生长速度，基本维持平均每个月体重增长 0. 25～0. 3 千克，身长增长约 1 厘米。

要注意观察生长曲线图，根据婴儿前面的生长曲线，查看是否遵循前几个月建立的生长方式，或是有无偏离正常轨道。如增长缓慢、停滞，甚至下降，可能存在生长不良，应去儿童保健医师那里咨询。如体重曲线快速上升，可能体重增加过多，也要避免超重或肥胖。对于进食，切忌强迫、过度喂养，或边吃边玩，应根据儿保医师的指导保持膳食平衡，每天有适当的运动量。

1.每日营养摄入量

每天仍需要 700 ~ 900 毫升奶量，可继续喂母乳，不足者添加配方奶。一日三餐荤素搭配合理，主食要米面搭配，每天要有一定量的鱼、肉、蛋等动物性食品，蔬菜和水果，每周有 1 ~ 2 次肝或动物血的摄入。

此期的婴儿食欲可能不如之前那么好，不要着急，这是因为他的生长速度正在放慢。

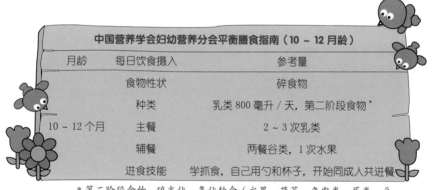

中国营养学会妇幼营养分会平衡膳食指南（10 ~ 12 月龄）		
月龄	每日饮食摄入	参考量
	食物性状	碎食物
	种类	乳类 800 毫升 / 天，第二阶段食物*
10 ~ 12 个月	主餐	2 ~ 3 次乳类
	辅餐	两餐谷类，1 次水果
	进食技能	学抓食，自己用勺和杯子，开始同成人共进餐

* 第二阶段食物：碎末状、条状软食（水果、蔬菜、鱼肉类、蛋类、豆类）

2.食物的选择与烹调

在食品的选择上可灵活多变，如在蔬菜选择上除了青菜、胡萝卜、西红柿、土豆外，还可选择白菜、菠菜、洋葱、山芋等。水果如苹果、香蕉、橙、柑橘等也都可换着吃。在烹饪时，还是要求给婴儿单独做，食物要做得碎、烂、软，如肉要切成小丁状、烧得酥烂一些，便于咀嚼消化。

此期的婴儿很可能不咀嚼而直接吞咽食品，为防止婴儿发生窒息危险，不能让他吃葡萄、爆米花、花生、未烧熟的豆子、芹菜、硬糖果或其他硬而圆的食物。

3. 增加食物质地

此期，大多数婴儿的牙齿都已经萌出，给婴儿吃的食物要粗一些了，应从碎末状过渡到切细的食物，这对口腔运动功能的发展和牙齿的萌出有非常重要的作用。婴儿在自然进食的过程中，通过学习咀嚼、搅拌、吞咽、口腔协调等，练习口腔运动功能，不仅能逐渐学会像成人一样正常吃饭，而且有利于学说话时发音、吐词清晰。

4. 进食技能培养

（1）学用汤匙

随着婴儿用手能力提高，进餐时可让婴儿玩汤匙，一旦婴儿知道如何握持并使用，他就会尝试自己进食，但是开始时不要有太高的期望，掉的可能比吃的还要多，不要因此就去夺他的汤匙，要给婴儿信心，鼓励他自己吃，经过反复多次的练习，加上婴儿手眼协调功能发育的完善，他就能学会用汤匙盛饭菜并送入口中，自己吃。

（2）学习用牙咬

提供婴儿条状或片状食品，如蔬菜条、香蕉片、小饼干、面包片等，让婴儿用小手抓着吃。

（3）用杯子喝水

准备一只婴儿杯子，里面倒入温开水，让婴儿自己端着小杯子喝水。

发育水平及促进 10～12个月

1.婴儿具备哪些能力了

（1）大运动

✦这时的婴儿可以随意改变自己的姿势了。

✦他能坐得稳，自如地转动身体，拾取身体两旁的物品。

✦能够从坐着到爬行、匍匐前进到手膝并用向前爬行。

✦能拉着东西站起来。

✦扶着家具走几步，站一会儿。

✦有时也可独站片刻。

（2）手功能

✦伸出食指戳戳点点，喜欢按压电话上的按钮等。

✦用拇指和食指捏取小物品。

✦把物品放进容器中并从容器中拿出来。

✦故意扔下物品，让大人捡起来。

（3）语言

✦婴儿理解力大大提高，会用眼睛注视所说的人和物。

✦听懂"不"的意思，家长说不要或不动，婴儿会停止动作。

✦会摇头表示不。

✦对简单的要求做出反应，如"给妈妈""再见"。

✦能模仿大人发1～2个字音，如：爸爸，妈妈，拿，走等。

✦一岁时，能主动叫人了，如"爸爸""妈妈""奶奶"。

（4）认知

喜好用各种方式玩玩具和家中物品，会不知疲倦地摇动、敲打、扔掉或将物品放入口中，像探索者一样触碰物品和观察物体的属性，从中他会得到关于物体的形状、质地和大小的概念，甚至开始理解某些东西可以食用，了解常用物品的用途，如拿杯子装水喝。能很快找到藏起来的物品。

（5）心理发展

♣情绪和社会性发展：对陌生人感到害羞或焦虑。父母离开时会不安、哭泣，会探视父母对他行为的反应。对某些人或玩具表现出特别的喜好。对某些情况感到恐惧。能模仿他人，重复声音和姿势以引起注意。能伸出手脚，配合穿衣。

♣注意力的发展：一岁时，婴儿的注意力可持续数分钟。

♣记忆力的发展：记忆力有了一定的发展，能指认五官，能找到被藏在已知地点的物体。

♣自我的发展：已具有自我意识，当他照镜子时，会触摸自己的鼻子，或者拉扯自己的头发，这意味着他已理解镜子中的图像是他本人。当你对他说"不"时，他也可能根据自己的意愿行事，以感受自己的存在和自己的力量。

♣个性的发展：婴儿已显现不同的个性特征，有的活泼爱笑，有的沉静怕羞等。

2. 促进婴儿发展

（1）学站立

训练婴儿站立时，可将其双腿略微分开，以降低重心，使之站得更稳些。每次扶站时间不宜过久，并要注意保护好婴儿，循序渐进，逐渐延长站立时间。

可让婴儿扶着小车、床、栏杆及椅背等练习站立。当婴儿两手扶站较稳时，可训练婴儿一手扶站，另一只手去取玩具。

11～12个月时可练习独站，大人可双手扶着婴儿的腋下，让婴儿背和臀部靠墙，两足跟稍离墙，双下肢稍分开站稳，然后慢慢放手，并拍手鼓励婴儿独站。

（2）学行走

应循序渐进。刚开始练习时，一定要注意保护，防止婴儿跌倒，减少他的恐惧心理，使他乐于行走。在学走期间不能靠"学步车"一类工具帮助，以免婴儿形成不正确的行走姿势。

开始可让婴儿扶着栏杆或床边迈步走，或拉着婴儿的双手训练其向前迈步，还可用学步带从婴儿前胸、腋下围过，大人在婴儿后方，拉紧学步带，让婴儿练习独立走步。婴儿会独走数步后，可在婴儿的前方放一个他喜欢的玩具，训练他迈步向前取，或让婴儿靠墙独站稳后，大人后退几步，手中拿玩具，用语言鼓励婴儿朝大人方向走去，婴儿快走到大人身边时，大人再后退几步，直到婴儿走不稳时把婴儿抱起来，夸奖他走得好并给他玩具。

（3）练习手指运动

训练婴儿手的控制能力。在婴儿能够有意识地将物品放下后，训练婴儿将手中的物品投入一些小的容器中。让婴儿将小木块放到一个小盒子中，将小粒的东西拾起来放进小瓶中。还可给婴儿选择一些带孔洞的玩具，让婴儿将一些东西从孔洞中投入。

训练婴儿用手的能力。可通过游戏，大人示范，教婴儿学会手的多种用途。比如把木块搭起来，打开或盖上盒盖、瓶盖，用手翻书，按按钮，扔皮球，拾东西，拿小匙在碗中敲打，学用小匙吃饭，用手挖抠有口的盒或瓶里的东西等。

（4）学说话

婴儿虽然不会说话，但他们有能力去理解一些简单的词与句，尤其到了后期，大人能教他一些简单的与日常生活有关的名词，如灯、猫、车等，教的时候要结合实物，语音要清晰，语速要慢，并且要重复多次。最好让婴儿看到大人的嘴巴是怎样发出声音的，让词和物品的形象在婴儿大脑里逐渐建立起联系，逐步发展婴儿的语言。在换衣服、洗澡、喂养、做游戏、散步和开车期间，用成人的语言和婴儿说话。

（5）和婴儿玩

每天和婴儿在地板上玩耍一会，与他一起玩"藏猫猫"游戏，可以帮助婴儿学习"物质永存"的原则，刺激婴儿的记忆力。大人可以藏在门后或者家具后面，将一只脚留在婴儿能看到的地方，引导婴儿找到你，也可以与婴儿轮流将头部隐藏在毛巾后面，让他将毛巾扯下，这会让他非常愉快。

还要经常带婴儿到公园去玩，让他观察、接触其他大人和儿童。

（6）玩具和图书

➡不同大小、形状和颜色的积木，让他敲打摆弄。

➡杯子、壶和其他不易碎的容器，让婴儿把积木放进去或拿出来。

➡多功能游戏板、玩具电话，让他用手指拨动、按压。

➡各种大小不同的球，让婴儿滚着玩。

➡大洋娃娃、小狗、塑料碗、汤匙、梳子、汽车等，与婴儿一起玩扮演游戏。

◆配有大图案的婴儿图书，与婴儿一起看，鼓励婴儿自己指点、拍打翻书。

（7）满足婴儿的好奇心

此期的婴儿，对一切都充满了好奇，随着爬、站立和行走的大运动能力发展，他会满屋子到处学走去探索环境了，作为家长一定不能限制婴儿行动，而是要保护和满足婴儿此时宝贵的好奇心，鼓励和赞赏他的探索活动，这也正是他今后探索学习的驱动力。需要注意，在婴儿探索的同时，要确保周围环境的安全。

（8）培养婴儿良好的个性

父母做榜样，营造其乐融融的家庭氛围，多鼓励婴儿，多和他一起开心地玩，开心地笑，使婴儿从小养成乐观、自信、积极的个性。

照护注意点　10～12个月

1. 饮食

（1）饮食时间、次数

一天吃 4 次，每隔 3.5 ～ 4 小时吃 1 次，中间加 2 次点心。

（2）良好饮食习惯培养

- 饭前洗手：告诉婴儿，先洗小手，后吃饭。
- 不挑食偏食：给婴儿准备的辅食，品种要多样。
- 专注就餐，吃饭时关掉一切电子屏幕。
- 餐后休息片刻。

（3）练习自己吃

10个月左右可让婴儿自己端着一只小杯子喝水。婴儿很乐意这种尝试。快1岁时，家长可准备一只不易碎的小碗，一把小匙，将温度适宜的饭菜盛好，让婴儿自己学"吃"。比起小匙来他更爱用手抓着吃，也许婴儿会将饭菜洒得一塌糊涂，手、脸油乎乎的，衣服脏兮兮的，对婴儿这种"吃饭之初"的行为不必讲究整洁。家长对婴儿诸多的"乱七八糟"应宽容些，让他练习自己吃，引导婴儿慢慢过渡到学用餐具。

2. 睡眠

（1）睡眠时间、次数

每天睡眠13～15小时，白天睡1～2次，每次2小时。

（2）睡眠习惯培养

坚持让婴儿独自睡眠，婴儿半夜惊醒时，家长可去看看，安抚婴儿，但不要把婴儿抱回自己床。当他睡醒后，要及时穿衣起床，不能久待床上玩。

3. 活动与锻炼

每天帮婴儿做1～2次主被动操。
带婴儿去户外活动2小时以上。

常见问题处理 10~12个月

1. 爱扔东西

快 1 岁的婴儿会不知疲倦地摇动、滚动和摆弄物品，而且还故意扔东西，他们会把桌上、床上、小车上的东西一件件抓过来，再一件件扔掉，扔完了还会示意大人帮着拾起来，东西到他手里后还会再扔掉，并且在不断地拿和扔中得到极大的乐趣。许多父母对婴儿这样的行为会很烦。但对婴儿来说，这是他小手收放自如的能力展示。父母对婴儿这种乱抓乱扔不但不能强行制止，还应为他们创造条件，为婴儿多准备一些塑料玩具、积木、皮球等让他抓摸、扔着玩。当然，不能扔的东西应放在婴儿拿不到的地方，如婴儿扔吃的，应马上把食物拿走，并明确告诉他"这是吃的，不能扔"，但不要打骂婴儿。

2. 断奶

一般来说，10 ~ 12 月龄是断母乳的适宜时期，但因人而异，可根据具体情况而定，如果婴儿易过敏，母乳又充足，且进食其他食物情况良好，母乳可以喂到 2 岁。

断奶要经历一个过程，不是一蹴而就的。应随辅食添加逐渐减少母乳喂养的次数，如从每天 4 次渐渐减到 3 次、2 次、1 次，直至完全停掉母乳。

断母乳的同时给婴儿添加配方奶粉，保证一天 2 ~ 3 次，总量在 500 毫升左右。

婴儿在断奶期间，可能会对妈妈更加依恋，易出现母子分离焦虑，此时妈妈应充分理解婴儿，给他更多的呵护，亲自喂他吃饭，和他一起玩游戏，让婴儿感受到妈妈的关爱，顺利度过断奶期。

疫苗接种

10～12个月

第一类疫苗是指政府免费向公民提供，为国家常规接种疫苗；第二类疫苗是公民自费并且自愿接种的疫苗，增加了预防疾病的种类，其中带＊的疫苗可以按照免疫规划疫苗接种程序和疫苗说明书替代第一类疫苗。

❦10个月：自愿选择儿童型流感疫苗第1剂（注：儿童型流感疫苗满6个月龄即可接种，同时考虑6～9个月年龄段要接种或强化接种多种疫苗，如乙肝疫苗、流脑疫苗、麻风疫苗和乙脑疫苗等，故流感疫苗选择10个月实施；同时流感疫苗为季节性疫苗，接种时还需要与流感流行季节匹配）。

❦11个月：自愿选择儿童型流感疫苗第2剂。

❦12个月：水痘疫苗第1次接种。

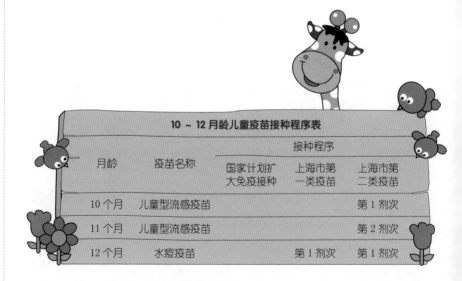

10～12月龄儿童疫苗接种程序表

月龄	疫苗名称	接种程序		
		国家计划扩大免疫接种	上海市第一类疫苗	上海市第二类疫苗
10个月	儿童型流感疫苗			第1剂次
11个月	儿童型流感疫苗			第2剂次
12个月	水痘疫苗		第1剂次	第1剂次

第六章

13~18个月

体格生长   13~18个月

1.体重和身长参考值

儿童体格发育全国参考标准（13~18月龄）				
月龄	体重参考值（千克）		身长参考值（厘米）	
	男	女	男	女
15个月	7.68 ~ 14.88	7.34 ~ 14.02	71.20 ~ 88.90	70.20 ~ 87.40
18个月	8.13 ~ 15.75	7.79 ~ 14.90	73.60 ~ 92.40	72.80 ~ 91.00

2.体重和身长增长的速率和规律

本阶段幼儿的体重每月增长约 0.2 千克，身长每月增长约 1 厘米。继续坚持每月给幼儿测量，并绘制在生长曲线图表中，判断发育是否遵循正常的生长曲线。与幼儿早期相比，正常发育的范围会更大。

喂养   13~18个月

1.每日营养摄入量

满 1 周岁后的幼儿，生长发育较婴儿期减慢，乳牙逐个萌出，而且正处在以乳类为主转变为普通食物为主的时期，饮食应搭配合理，保证营养全面。每日食物量大致为：2 瓶牛奶，1 只鸡蛋，1 份禽、鱼、肉，2 份蔬菜与水果，2 份谷类与豆。(1 份相当于 50 克；1 瓶牛奶为 220 毫升)。

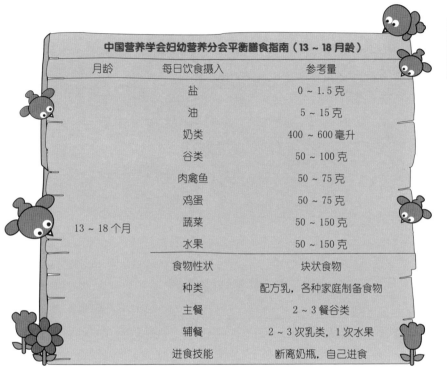

中国营养学会妇幼营养分会平衡膳食指南（13～18 月龄）

月龄	每日饮食摄入	参考量
13～18 个月	盐	0～1.5 克
	油	5～15 克
	奶类	400～600 毫升
	谷类	50～100 克
	肉禽鱼	50～75 克
	鸡蛋	50～75 克
	蔬菜	50～150 克
	水果	50～150 克
	食物性状	块状食物
	种类	配方乳，各种家庭制备食物
	主餐	2～3 餐谷类
	辅餐	2～3 次乳类，1 次水果
	进食技能	断离奶瓶，自己进食

2. 食物的选择与烹调

在安排膳食时，要注意食物品种多样化，荤素搭配，合理地添加豆制品，也可加一小杯酸奶（120 毫升）。从不同的食物中摄取不同的营养素，使食物中的营养互补，又能从不同食物的色、香、味激起幼儿旺盛的食欲。幼儿一周内的食谱尽量不要重复，即使出现重复的菜肴，可用不同的烹调方法，做成不同花样的食品。

主食以烂饭、粥、馒头或面条等为宜，菜肉需要切成小块状，煮烂以利咀嚼、吞咽和消化。

在吃又硬又大，足以阻塞幼儿呼吸道的食物时，可能会出现窒息，因此，不要给幼儿花生、葡萄、坚硬的糖果、大块的菜和肉，还要保证幼儿在成人的监护下才能进食。"跑着吃食物"会增加窒息的危险。

3. 进食技能培养

让幼儿参与进食过程，给幼儿示范，鼓励他用小匙取食，允许他用手抓食品。逐渐停止使用奶瓶，给幼儿一个双柄杯，教他双手抓住双柄，自己喝水、喝奶。

发育水平及促进 13～18个月

1. 幼儿具备哪些能力了

（1）大运动

♣ 从独走几步到能走稳。

► 会扔球。

► 拖拉玩具走，抱着或拿着玩具走。

► 想要跑。

► 开始在家具上爬上爬下。

► 扶着栏杆、挽着大人的手上楼梯。

（2）手功能

► 熟练地用拇、食指捡起小物体。

► 将 2～4 块积木搭高，推倒。

► 会拧动门的把手，打开和关闭盒子，扭开瓶盖子。

► 乱翻书，乱涂画。

► 将小柱子插入小孔中。

► 能使用小匙。

► 会拉脱袜子。

（3）语言

► 当听到某个物体或图画的名字时，能指着它。

► 辨别身体几个部位。

► 听从简单指令：如 "把球给我"。

► 能说出几个单独的词，表达自己的需要。

► 会叫爸爸、妈妈等称呼。

（4）认知

此期，幼儿的主要学习方式是模仿，他学会了梳头，拿起电话咿呀学语。渐渐地会假扮"过家家"了，如给玩具娃娃梳头发，拿杯子给玩具娃娃喂水，拿着书本给大人"读"，或者把玩具电话放在大人的耳旁。

捉迷藏也是这时幼儿最喜欢的游戏，当他懂得捉迷藏时，就更加理解父母的离开了。正如即使他看不见也知道物品藏在什么地方一样，现在即使父母离开他一整天，他也知道父母总是要回来的。

（5）自理能力

会尝试自己用小匙吃饭、用杯子喝水。会拉脱袜子。

（6）心理发展

🔹情绪和社会性发展：能表示快乐、不高兴、害怕、焦急等；会表现自己，受到赞扬表现出骄傲自豪；会表示同意、不同意。这时的幼儿处于自我中心地位，喜欢一个人单独游戏，或与照护人玩。

🔹注意力的发展：以无意注意为主，有意注意开始萌芽；注意稳定性差，容易转移。

🔹记忆力的发展：能记住自己喜欢的玩具和食品，如果把他正在玩的球或者饼干藏起来，他不会忘记。

🔹想象力的发展：出现想象的萌芽，如模仿妈妈的动作给布娃娃喂饭、穿衣、喂药等。

🔹思维的萌芽：开始出现具有一定形象性的思维活动，如这时幼儿把不同的汽车都叫"车"，大人教他认识红色的苹果后，他会把红皮球也认作苹果。

🔹自我的发展：开始知道自己的名字，别人叫他的名字有回应，也开始认识自己身体的有关部位。随着自我意识的增强，独立的愿望也越来越强。

2. 促进幼儿发展

（1）练习行走、蹲、弯腰

可以给幼儿拖拉玩具车，教幼儿拉着小车向前走、侧着走、倒退走等。或者准备一个较大的皮球，大人将球滚到幼儿的脚边，教他抬脚踢球。还可以将玩具散放在各处，要求幼儿收捡玩具交给大人或放在固定的地方。

（2）练习爬楼梯

把幼儿喜欢的玩具放在楼梯的台阶上，引起他拿玩具的欲望，或者爸爸站在楼梯上，向幼儿拍手、喊幼儿名字，妈妈双手扶着幼儿的腋下，让幼儿练习上楼梯，训练一段时间后，家长可牵幼儿一只手帮助幼儿练习上楼梯。

（3）练习手的灵活性和准确性

教幼儿学搭积木、玩插孔游戏板，用颜色笔涂鸦、用塑料绳将有孔玩具串起来。

玩"斗斗飞"游戏，妈妈握着幼儿的双手，让幼儿左右手的每一个手指轮流对碰。可从大拇指碰到小拇指，边碰边念："斗斗虫虫，虫虫爬爬；斗斗小鸟，小鸟嘟嘟飞走了。"也可以角色对换，让幼儿拉着妈妈的手做"斗斗飞"。

（4）学说话

在换衣服、洗澡、喂养、做游戏和散步时教幼儿说话，要尽可能说得缓慢而清晰，使用简单的词语。教他物体和身体各部位的正确名称，如教幼儿认识鼻子，则指着自己的鼻子说"鼻子"。这样可帮助他尽快地使用正确词汇说话。

扩大认识范围，利用生活场景促进语言的理解与表达，带他到外面玩，教他认识物体的名称，当幼儿能指认或说出时，亲亲他、夸夸他，以示鼓励。

（5）图书和玩具

✦大的图片和简单的图文并茂的布书等，与幼儿一起互动。

✦各种大小的球、推或拉的玩具给幼儿练习走、踢、抛。

✦积木、简单的形状玩具和插孔游戏板，给幼儿练习手眼协调。

✦娃娃、玩具钢琴、鼓、电话、塑料家居用品等用来"过家家"。

（6）鼓励交往

尽管这时期的幼儿只认为他是游戏的中心，独自各玩各的，但还是应该经常让他与生人接触、熟悉，如每天带他去小区的儿童乐园，经常逛逛公园，可以让他观察、模仿大一些的小朋友如何玩，也要创造机会让幼儿与其他年龄相仿的小朋友一起玩耍，帮助他体验与人交往的快乐与满足。

照护注意点　　　　13~18个月

1. 饮食

一日三餐，每隔 4 小时吃 1 次，中间加 2 次点心。

2. 习惯培养

✦不吃零食，不喝饮料。喜欢吃甜食是与生俱来的，但此时的幼儿只要不让他看到零食，也就不会想起，因此，平时可把零食收藏起来。

✦不强迫进食，每顿饭可多准备几样食物，让幼儿的食谱扩大一些。

✦如果他拒绝吃任何食物，可以在饥饿时让他吃。其间不能给他吃饼干和甜点。

✦继续培养饭前洗手、饭后漱口、专注进食的好习惯。

3. 使用餐具

给幼儿准备一套专用餐具，每次使用前烫洗干净，帮助幼儿熟悉和使用餐具，让幼儿自己拿着小匙学吃饭，照护人也拿着一把匙子，帮助他吃饱。

疫苗接种　　　　13~18个月

第一类疫苗是指政府免费向公民提供，为国家常规接种疫苗；第二类疫苗是公民自费并且自愿接种的疫苗，增加了预防疾病的种类，其中带＊的疫苗可以按照免疫规划疫苗接种程序和疫苗说明书替代第一类疫苗。

🍂13 个月：自愿选择 13 价肺炎多糖结合疫苗第 4 次接种（注：第4 次 13 价肺炎多糖结合疫苗于 12 ~ 15 个月强化接种）。自愿选择 b 型流感嗜血杆菌疫苗第 4 次接种。

🍂18 个月：甲肝疫苗第 1 次接种。麻疹 - 流行性腮腺炎 - 风疹联合接种疫苗（麻腮风疫苗）第 1 次接种。自愿选择五联疫苗（脊髓灰质炎灭活疫苗、无细胞百白破疫苗和 B 型流感嗜血杆菌疫苗）第 4 次接种，替代脊髓灰质炎疫苗和百日咳 - 白喉 - 破伤风疫苗（百白破疫苗），且 b 型流感嗜血杆菌疫苗也包括在内，可以明显减少幼儿疫苗注射频次，增加幼儿舒适度。

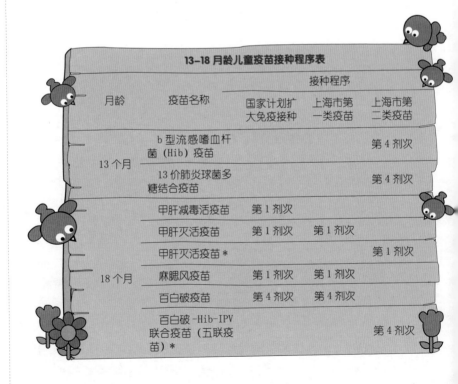

13-18 月龄儿童疫苗接种程序表

月龄	疫苗名称	接种程序		
		国家计划扩大免疫接种	上海市第一类疫苗	上海市第二类疫苗
13 个月	b 型流感嗜血杆菌（Hib）疫苗			第 4 剂次
	13 价肺炎球菌多糖结合疫苗			第 4 剂次
18 个月	甲肝减毒活疫苗	第 1 剂次		
	甲肝灭活疫苗	第 1 剂次	第 1 剂次	
	甲肝灭活疫苗＊			第 1 剂次
	麻腮风疫苗	第 1 剂次	第 1 剂次	
	百白破疫苗	第 4 剂次	第 4 剂次	
	百白破疫苗 -Hib-IPV 联合疫苗（五联疫苗）＊			第 4 剂次

第七章

19~24个月

体格生长 19～24个月

1.体重和身长参考值

男女幼儿该年龄段的身长和体重的参考值如下。

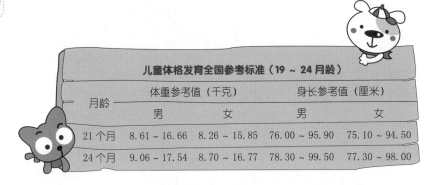

儿童体格发育全国参考标准（19～24月龄）				
月龄	体重参考值（千克）		身长参考值（厘米）	
	男	女	男	女
21 个月	8.61～16.66	8.26～15.85	76.00～95.90	75.10～94.50
24 个月	9.06～17.54	8.70～16.77	78.30～99.50	77.30～98.00

2.体重和身长增长的速率和规律

体重每月增长约0.2千克，身长每月增长约1厘米。继续坚持定期给幼儿测量，并绘制在生长曲线图表中，观察生长曲线轨迹，如生长缓慢、停滞，甚至下降，表明存在生长不良，应积极寻找原因，并向儿童保健医生咨询。如曲线快速上升，明显偏离正常生长轨迹，表明体重增长过快，也要及时发现，避免超重或肥胖。这个年龄段的幼儿仍应强调膳食平衡、鼓励增加运动。

1. 每日营养摄入量

1岁半以后幼儿的乳牙依次萌出长齐，咀嚼和消化食物的能力增强，胃容量可增至300毫升，应当完成以乳类为主转变为以普通食物为主的过渡期。

为了能满足生长发育的需要，仍应保证幼儿每天早晚各进食200毫升左右牛奶。全天饮食需要包括四大类食品：谷类、奶制品、肉、鱼、家禽、鸡蛋类、蔬菜及水果。

中国营养学会妇幼营养分会平衡膳食指南（19～24月龄）		
月龄	每日饮食摄入	参考量
	盐	0～1.5克
	油	5～15克
	奶类	400～600毫升
	谷类	50～100克
19～24个月	肉禽鱼	50～75克
	鸡蛋	50～75克
	蔬菜	50～150克
	水果	50～150克
	食物性状	块状食物
	种类	配方乳，各种家庭制备食物
	主餐	2～3餐谷类
	辅餐	2～3次乳类，1次水果
	进食技能	断离奶瓶，自己进食

2. 食物的选择与烹调

食物应力求小巧、精制、花样翻新，色、香、味俱全。而且，食物仍要求做到碎、软、烂；鱼、肉要去骨和刺，切碎，或做碎末或做成小丸；花生及其他类似食品，如有核的枣、瓜子等仍不应食用，因易误入气管，发生危险；饭菜以低盐食品为主，避免吃带刺激性的食物（如辣椒、胡椒、油炸食品等）。此外，要注意食品新鲜、清洗干净、烹调得法，尽量减少对营养素的破坏。

3. 进食技能培养

❧学会自己进餐：先让幼儿自己拿小匙在碗里舀食物送进嘴里，再教幼儿一手握匙，一手扶碗，用匙在碗里从外向里的方向舀食物，自己吃饭。

❧学会细嚼慢咽：给幼儿小块食物，让他在口腔内嚼碎并吞咽后再吃第二口。可适当吃些硬食，如面包干、水果片，可以按摩牙床并锻炼咀嚼力。

❧自己用杯子喝水：给幼儿准备带柄的杯子，教幼儿一手握住杯柄，一手托住杯底，自己慢慢喝水。

4. 停止使用奶瓶

幼儿18个月后，只要他可以用杯子喝水，就再也不需要用奶瓶了。但戒掉奶瓶和断奶一样，不是一件容易的事，需循序渐进，先是午餐不要用奶瓶，逐渐早晚不用，最后是就寝时间也不用奶瓶。如果幼儿需要安慰才能入睡，可以让他抱一件喜欢的玩具，但不可以给奶瓶。

发育水平及促进　19～24个月

1.幼儿具备哪些能力了

（1）大运动

◆能走稳，熟练地拖拉玩具走。

◆开始跑。

◆会把球向前踢。

◆独自在家具上爬上爬下。

◆能扶着栏杆上下楼梯。

（2）手功能

◆能把4块或更多的积木搭高。

◆一页一页翻书。

◆用笔乱涂。

◆学会正确用小匙。

（3）语言

◆当听到某个物体或图画的名字时，能指着它。

◆能遵循照养人的简单指令，如递个物品等。

◆能辨认熟悉的人、物体和身体各部位的名称。

◆单词量迅速增加，24个月时一般会说50个词。

（4）认知

◆对不在眼前的客体有回忆性记忆，探索和好奇，找到藏在2～3层下面的物体，是此期的发育特征。

◆开始有了空间和时间知觉。如爬高处，躲门后，天黑了要睡觉，天亮了就起床。

◆能根据物体的形状和颜色进行分类。

◆爱玩假想性游戏。

73

（5）自理能力

- ✦ 自己较熟练地用小匙吃饭。
- ✦ 能脱掉外衣。
- ✦ 能按指令帮忙收拾东西。
- ✦ 对排便有感觉。

（6）心理发展

✦情绪和社会性发展：这时的幼儿情绪表现真实、易变、易冲动，并开始有了自豪感、同情感，也会产生愤怒和妒忌等情绪。家长在附近时可独自玩很久，2岁时不再认生，容易与父母分开，喜欢模仿父母和年长幼儿的行为。

✦注意力的发展：注意力开始萌芽，2岁时注意力可持续5分钟左右，但易被外界有趣的事物分散注意力。

✦记忆力：有了短暂的记忆力，2岁时能再认几周以前的事物。

✦想象力的发展：幼儿有了想象力的萌芽，如模仿妈妈给娃娃喂饭、穿衣，这是幼儿在回忆基础上的想象。

✦思维的发展：这时的幼儿，思维是在动作中进行的，即直觉行动思维，例如幼儿在玩布娃娃游戏，当布娃娃被拿走了，游戏活动也就停止了。

2. 促进幼儿发展

（1）练习动作的灵活性、平衡及协调能力

教幼儿学习扶着栏杆上、下楼梯；向前跑，转弯跑；与幼儿一起玩抛球、踢球、过小桥等游戏。

（2）练习手和手指的技能

教幼儿折叠纸张；鼓励幼儿自己开或关瓶盖；玩各种各样积木、插塑板；让幼儿自己一页一页翻书看；玩塑泥。

（3）促进语言表达

幼儿在1岁半后，言语发展会突飞猛进，他们不仅重复大人说的

言语，而且想要自己说出周围东西的名称。语言来源于生活，家长要随时随地利用场景教幼儿说话；结合每一件物品、每一项活动说出名称，促进幼儿词汇的发展。每天和幼儿一起读书，教他指认卡片。常带幼儿到户外、公园去玩，鼓励他与人交往，并引导幼儿仔细观察遇到的事物，配上声音。

（4）图书和玩具

之前给幼儿选择的图书和玩具还可以继续使用，只是看的和玩的内涵和程度加深了。通过看大的图画书和简单的故事书，认识各种事物的名称，学习人物关系。

给他玩积木、拼图、组装玩具、玩具钢琴等练习手的灵活性；为他选择皮球、推拉玩具、儿童三轮车等锻炼运动技能。

给他洋娃娃、绒布动物、小汽车、电话、小餐具、小家具、小衣服等，发挥想象、模仿生活中的事情，玩"过家家"游戏。

（5）尊重幼儿的独立性

幼儿快要2岁了，什么事都想自己干，还总想帮大人忙，如自己吃饭，不要父母攥着手，而要自己走，看见父母进家门，会忙着给父母拿拖鞋。对于这种行为，家长应积极地鼓励和引导，在附近关注着幼儿，在保证安全的情况下，尽量让幼儿自己行动，给幼儿提供帮忙做事的机会，如请他取东西，搬小板凳等，当幼儿完成后，要表现出高兴，说"谢谢"，让幼儿体会到成功的喜悦，有助于幼儿建立自信、勇于探索，促进独立性的发展。

（6）和幼儿一起玩

幼儿活动能力增加了，对外界环境充满兴趣，包括对其他小朋友的兴趣，父母应创造机会让幼儿和其他小朋友接触，可以带幼儿去庭院、公园，也可以把别的小朋友招呼到自己家，或带幼儿到其他小朋友家玩。孩子在一起玩难免争抢玩具、哭闹，家长无需太在意，因为幼儿还分不清你的我的，遇到争夺的时候，可以把他们分开，给每人一个玩具。2岁左右的幼儿不愿把玩具给别人是正常的表现，随着幼儿年龄增长，慢慢在玩耍中和同伴建立友谊，也会逐渐变得大方起来。

（7）培养良好的行为

幼儿是父母的一面"镜子"，他的行为是跟人交往过程中逐步学会的，因此父母的一言一行，所起到的表率作用尤为重要，树立好的榜样，远远胜于说教。

在此阶段，可以帮助幼儿养成见到小伙伴要打招呼，专心用餐等好习惯，还要建立禁止他打、咬和踢人，扔食物的规矩。

快2岁的幼儿知道讨大人喜欢，因此表扬和关心是最好的奖赏，容易使他遵守合理的规则。

照护注意点　　19～24个月

1. 饮食

（1）时间、次数

一日三餐，上下午各加1次点心。

（2）习惯培养

♥不要在饭前吃零食，尤其在饭前半小时内，以免影响食欲。

♥定时、定点、专心进餐：让幼儿坐在自己的位置上，不看电视、不玩玩具，专注吃饭。

♥自己进餐：让幼儿继续学习一手扶碗，一手拿匙，自己吃，教他细嚼慢咽，一口一口地吃。

♥愉快进餐：允许幼儿在吃饭时不小心洒出食物，把手弄脏，不在吃饭时责骂孩子。

2. 睡眠

（1）时间、次数

每个幼儿都有自己的生物钟，因此睡眠也有个体差异。一般此期的幼儿睡约 13 小时，白天睡 1～2 次，每次睡 2 小时左右，逐渐过渡到下午睡一次，约 2 小时。

（2）习惯培养

随着幼儿活动能力的增加，他会拖延去上床睡觉的时间，因为对他来说睡觉意味着不能玩耍。

这时，白天的睡眠时间可适当减少，晚上的活动要尽早安排，而且不要过于兴奋或恐怖。安排一个安静的睡眠仪式：盥洗、喝点水、小便、讲个故事、给个亲吻，一切惯例都应该安静地结束。

3. 户外活动与体育锻炼

每天做 1～2 次幼儿模仿操，户外活动 2 小时以上，幼儿走得好，也能跑了，在附近看着他，尽量多让他自己跑着玩，跌倒了自己爬起来。

4. 控制大小便

家长仍需注意观察，引导他到固定的便盆中排便，并每次说"小便"或"大便"的概念，让幼儿区分并有感知。这时的幼儿尿湿了裤子还是常见的，家长不要责备他。学会控制大小便需要一个过程，家长不能急于求成。

常见问题处理　19～24个月

1. 说话迟

幼儿快2岁了，看到有些幼儿都能开口说话了，自己的孩子还不能说，父母都会很着急的。

如果幼儿能听懂大人说的话，只是不开口，父母不能过于焦急，而应寻找原因，到医院进行语言的评估和干预或治疗，为幼儿说话创造良好的环境。

这个年龄的幼儿，如果听不懂大人说的话，则更要及时去看医生了。

2. 口吃

1岁半至2岁的幼儿，词汇量迅速增加，从说单词到简单句，处于词语"爆发期"。此期幼儿的思维能力也在迅猛发展，而且较语言的表达能力的发展更为优先，这使幼儿在表达自己的想法时，往往会在选择适当的词上出现问题，表现出说话的停顿、犹豫不决、重复，易使家长误认为是口吃。其实这大多是一过性生理性语言障碍，对此，家长要给予理解，不要催促他，也不要过多地关注他，而是鼓励他慢慢说，随着幼儿长大，发育成熟，这种不流利说话的现象会逐渐消失。

3. 便秘

便秘在幼儿生活中是常见的问题，正常的婴幼儿，每天至少要排1～2次大便。如果幼儿2天以上不排便，大便干燥发硬，引起排便困难，有时粪块外面带血丝，并引起肛门疼痛，排便时哭闹不安等，称为便秘。幼儿便秘的原因很多，如喝水不足，膳食不均衡、过于精细，活动少等都可以引起便秘。在预防上，首先要调整饮食，保证每日果蔬量和水量，加强体格锻炼，培养幼儿定时排便的习惯等。在治疗上，一般不宜服泻药。如确实难以自排时，可寻求医生的帮助，不要擅自用开塞露排便。

疫苗接种 19～24个月

第一类疫苗是指政府免费向公民提供，为国家常规接种疫苗；第二类疫苗是公民自费并且自愿接种的疫苗，增加了预防疾病的种类，其中带＊的疫苗可以按照免疫规划疫苗接种程序和疫苗说明书替代第一类疫苗。

◆ 19～23个月：自愿选择儿童型流感疫苗1～2剂（注：1岁内接种过流感疫苗者，仅接种1剂次，与上剂流感疫苗间隔10～12个月；1岁内没有接种过流感疫苗者则接种2剂，2剂间隔2～4周）。自愿选择轮状病毒疫苗接种第2剂（与轮状病毒疫苗第1剂间隔1年）。

◆ 24个月：甲肝灭活疫苗第2次接种。乙脑减活疫苗第2次接种；或自愿选择乙脑灭活疫苗第3次接种。

月龄	疫苗名称	接种程序		
		国家计划扩大免疫接种	上海市第一类疫苗	上海市第二类疫苗
19～23个月	儿童型流感疫苗			第1～2剂次
	轮状病毒疫苗			第2剂次
24个月	乙脑减毒活疫苗	第2剂次	第2剂次	
	甲肝灭活疫苗*			第2剂次
	乙脑灭活疫苗*	第3剂次		第3剂次
	甲肝灭活疫苗	第2剂次	第2剂次	

19～24月龄儿童疫苗接种程序表

第八章

2~3岁

体格生长 2~3岁

1. 体重和身长参考值

满 2 岁后，幼儿的体重和身长的增长速度较前减慢，在 2~3 岁间，幼儿全年的体重增加约 2.5 千克，身长增加约 9 厘米。最大的变化是身体各部分的比例：婴儿时头部相对较大，腿和手臂相对短，而这一阶段头部的生长速度减慢，在第 2 年中，头围一年生长 2 厘米，之后 10 年内生长 2~4.4 厘米。

身长略比体重增长得快，主要是因为腿部和躯干的生长速度加快。随着身体各部位生长速度的改变，身体看起来比较均衡了。满 3 周岁时，女孩和男孩的差异略有缩小，女孩比男孩体重约低 0.4 千克，身长低约 1 厘米。

男女幼儿身长和体重的参考值如下。

儿童体格发育全国参考标准（2~3岁）				
年龄	体重参考值（千克）		身长参考值（厘米）	
	男	女	男	女
2 岁	9.06~17.54	8.70~16.77	78.30~99.50	77.30~98.00
2.5 岁	9.86~19.13	9.48~18.47	82.40~105.00	81.40~103.80
3 岁	10.61~20.64	10.23~20.10	85.60~108.70	84.70~107.40

2. 体重和身长增长的速率和规律

通常 2 周岁以后，同龄幼儿的身长和体重的差异会非常大，因此不必与其他幼儿进行比较，建议使用生长曲线监测自身的生长速率，如果生长曲线呈上翘或平行趋势都属于正常范畴。

喂养和营养

2~3岁

2～3岁的幼儿20颗乳牙已基本出齐，口腔运动能力和咀嚼功能也得到进一步加强，能咬得动较大块状的食物，自我服务技能也日趋完善，会自己吃饭、喝汤，不会一片狼藉。因此在菜肴的制作上，食物不必再切得很细，剁得很碎，而是与成人一样的食物质地，让幼儿充分运用其口腔肌肉和牙齿的力量来咬碎、研磨食物。幼儿每天摄入的食物依然需要包括4组基本食物：牛奶和奶制品；蔬菜和水果；肉、鱼、蛋和家禽；米饭、面条等谷类食物；最好能经常吃一些粗粮。

这时候的幼儿进食大多喜欢将食物分开，一口饭，一口菜，不喜欢饭菜放在一起。因此，不要将饭菜混在一起让幼儿吃，而让他像成人一样一口饭、一口菜自己吃。同时对幼儿的进食可给予一定的选择权，比如有些幼儿不喜欢吃菠菜，那能吃点青菜也可以，不吃猪肉，吃鸡肉、牛肉也可以。食物种类需要丰富多样。

对有挑食、偏食的幼儿，父母应以身作则，自己做到不挑食、不偏食，在幼儿面前对食物不作消极的评论；要注意食物的调配，丰富每天的菜谱。菜肴的制作讲究色、香、味俱全，对同一种菜可以用不同的烹饪方法；积极鼓励幼儿参与食品的制作，对自己劳动付出所获的成果幼儿更乐意品尝。

为了让幼儿不拒食，父母应当让幼儿按时进餐，定时定点，但不定量；每天定时开餐，每餐进食时间不超过半小时，但吃多吃少由幼儿决定；绝对控制零食，一日三餐没有很好完成的，不给予任何零食；宽松的进餐环境和氛围，不在餐桌上批评幼儿，让幼儿在进食过程中体验到平静和快乐。

2～3岁儿童平衡膳食指南		
年龄	每日饮食摄入	参考量
2～3岁	盐	＜2克
	油	10～20克
	谷类（薯类适量）	75～125克
	奶类	350～500克
	大豆（适当加工）	5～15克
	肉禽鱼	50～75克
	鸡蛋	50克
	蔬菜	100～200克
	水果	100～200克

发育水平及促进　2～3岁

1. 运动和动作发育

（1）大运动

这个年龄的幼儿总是不停地运动——跑、踢、爬、跳。今后的几个月，他跑起来会更稳、更协调。他也能学会踢球并能掌握球的方向，扶着栏杆能自己上下台阶，并能稳当地坐在幼儿椅上。稍微帮助一下，他就能够单腿站立。2岁的幼儿行走时从踉跄的步伐逐渐变成更加成人化的行走运动。这个过程中，他对身体控制更加灵活，后退和拐弯也不再生硬。走动时也能做其他的事情，例如有手的动作、讲话以及向周围观看。到3周岁时，幼儿已能熟练地爬、脚步交替上下楼梯、踢球、骑三轮车、顺利弯腰而不倒下。

（2）手和手指技能

2岁的幼儿已经学会用手摆弄小物体，如小糖豆、花生等。他会翻书、搭6块积木的塔、脱鞋以及拉开大的拉链。他的手腕、手指和手掌可以进行协调的运动，因此能旋转门把、旋开瓶盖、用一只手使用茶杯，还能剥开食品的包装纸。这个年龄段开始学习乱涂乱画，家长可以给他一支蜡笔，他会将拇指和其他手指分开捏住蜡笔，然后笨拙地将食指和中指伸向笔尖，通过直线和曲线创作自己的"画作"。

到3周岁时幼儿的基本技能有以下几种。

◆用小匙吃饭，逐渐趋向不撒落、不狼藉。

◆用铅笔或蜡笔画竖线、横线和圆圈。

◆一页页翻书。

◆搭建超过6块积木的塔。

◆拧紧或拧开瓶盖（所以装有药丸、药片的瓶子不能让幼儿玩耍以免误食）、螺帽和门闩。

◆转动把手。

2. 认知发育

2～3岁的幼儿在学习过程中逐渐学会思考，掌握语言的能力逐渐加强，开始形成对事件、动作的一些概念。他也能用思维解决一些问题，在头脑中完成尝试，而不必亲自实践。他的记忆力和智力的发展很快，开始理解简单的时间概念，例如"吃完饭后再看电视"。

这时幼儿也开始理解物体之间的关系，例如在玩形状分类玩具和益智拼图玩具时，他可以匹配相似的形状。在数物体时，他也能够理解数字的概念。幼儿的因果关系理解力有进步，此外，他们对电子产品更加感兴趣。

与这个年龄段的幼儿讲道理一般非常困难，而且他们正好进入人生第一个违拗期，再加上他们观察世界的方式非常简单，因此，家长要以亲子互动的方式让幼儿懂得好的行为会受到赞赏，不好的行为受到冷落或家长会生气，这就是最早的行为规范教育。

3. 语言发育

（1）正常的语言水平

这是语言表达的迅速增加阶段，词汇量迅速增加。2岁的幼儿不仅能听懂大人的大部分话语，而且能利用正在快速增加的词汇练习说话。2～3岁期间，他从说2个或者3个单词的句子，如"喝果汁""妈妈，吃饼饼"逐渐扩展到可以说4个、5个，甚至6个单词的句子，如"爸爸，汽车在哪里？""洋娃娃坐在我脚上。"

他们也开始使用代词，即"我、你、他（她）"，理解"我的"的概念，如"我的娃娃，我的妈妈"等。到3周岁时，词汇量可达两三百个，而且能够说出完整的句子，一句话能达到八九个字的长度。幼儿通过观察开始理解更多口头语言或手势。

这时幼儿能理解的词语比他们会说的要多，他们喜欢长时间听家长讲故事，能理解大部分故事的内容，通过微笑或大笑来回应有趣的部分。能明白相对复杂的连贯指令，比如"你把垃圾扔在垃圾桶里，再把门关上"。可以清楚地表达自己，让熟悉和陌生的听众都能理解自己。会说 2～5 个词的句子，比如"我不吃了""我要玩这个玩具"。交替使用家庭成员说的方言。使用否定词（比如"不""不是"）和表示疑问的词（比如"为什么"以及"什么"）来获得更多信息。这个阶段的幼儿可以说出图画书中的 6～10 个物品名字，能说自己的名字、年龄和性别。

因此，父母平时应利用在一起的每一分钟，给他丰富的语言感受和体验。通过一问一答或互动式的聊天扩大幼儿的词汇量，因为他们是通过听、看和模仿来接触语言的，所以不管想什么、做什么，都可以边说边做或边说边玩。这样不仅能满足幼儿无穷无尽的好奇心，也能简单直接地扩大他的词汇量和对语言的理解。家长应重复幼儿的话，让他知道家长在认真听。重组幼儿不够完整或者不够清晰的表达，以便跟幼儿确认家长是否明白他的意思。

（2）可能出现的语言问题

◆语言发育落后：指发育过程中的儿童其语言发育遵循正常顺序，但未达到与其年龄相应的水平，表现为明显落后其年龄的语言特征。语言发育落后是 2 岁时最常见的发育性问题之一。其表现为不懂不说、只懂不说、说得很少、自言自语但不交流、表达不流利等。2005 年对上海市 0～3 岁儿童的语言调查结果显示，24～29 个月的男女儿童语言发育迟缓的检出率为 16.2% 和 15.2%，30～35 个月时仍分别有 8.3% 和 2.6% 的男女儿童符合语言发育迟缓的筛查标准，学龄早期语言障碍发生率约为 7%。

◆说话不流利：2～3 岁的幼儿常常表现说话结结巴巴，这是由于他们的神经生理成熟程度还落后于情绪和智力活动所需要的表达，因而说话时出现踌躇和重复，常常一句长话停三四次才能说完，或表达中出现语言阻塞、停顿的现象。这是儿童语言发展的自然现象，随着年龄的增长，这种表达不流利的表现会逐渐消失。

4. 社交和情感发育

这个年龄段的幼儿更关心自己的需要，因此这时候的行为会被成人理解为"自私"。其实 2 岁时的幼儿，观察这个世界时只是从自己的角度来看问题，关心的也只是自己的需要，他们还不理解其他人在这种情况下的感受，认为每一个人的感受和想法应该与他们一样。此外，他们还不会控制自己的情绪，因此容易出现发脾气的现象。

尽管这个年龄段的幼儿对自己更感兴趣，但他也很会模仿其他人的行为方式和活动，例如会模仿给玩具熊或娃娃喂饭、洗澡，在和玩具熊或娃娃对话时运用的词汇和语调与父母很接近，甚至是翻版。虽然有时候在生活中会表现得不听话或拒绝父母的指令，但当他在游戏中扮演父母的角色时，反而会非常精确地模仿父母的一言一行。

和 2 ~ 3 岁的幼儿玩耍是个挑战，因为他们的情绪尚不稳定，有时候他们愉快而友善，有时候他们会莫名其妙地烦躁与恼火，甚至哭闹、耍无赖。不过，这些情绪变化是成长的一部分，随着年龄的增长，他们会逐渐控制自己的行动以及情感。他们喜欢探索外面的世界，试图挣脱抚养者的束缚，但又缺乏相关防止意外的经验，因此还是需要成年人的保护。

照护注意点 2~3 岁

1. 饮食

2 ~ 3 岁的幼儿生长速率比 1 周岁内明显减慢，但能独走后运动量增加，因此每天需要的营养素的量也因活动量的不同而差异很大。

一般来讲，这个年龄段的幼儿每日饮食按照中国营养学会妇幼营养分会平衡膳食指南，同时要培养良好的饮食习惯，应避免过饥或过饱。虽然这个阶段的幼儿胃容量有所增加，但还是相对有限，因此还是以少量多餐为宜，即一日三餐加2顿点心。点心的量应注意控制，不能过多，时间也不能距正餐太近，以免影响食欲。

2岁以后的幼儿已经长了16～20颗乳牙，具备一定的咀嚼能力，可以进食与成人一样的食物，这样既满足了营养又能锻炼幼儿的咀嚼能力。注意食物的搭配，鼓励幼儿吃一点粗粮，并鼓励自己进食。

2. 睡眠

2～3岁的幼儿需要11～12小时的夜间睡眠，白天需要1.5～2.5小时的午觉。然而，即使是同一年龄的幼儿，睡眠需求也有很大的差异。因此，判断幼儿睡眠是否足够，并不是看睡了多少小时，而是从幼儿睡眠后的精神状态、活动情况、食欲情况、行为表现来综合判断睡眠是否充足。如果幼儿第二天精神好，食欲好，非常活跃，说明前一晚的睡眠是充足的。

为了保证幼儿有足够的睡眠时间，睡眠作息时间的建立非常重要，每天应当保持同样的、有规律的作息时间。幼儿每天要有固定的入睡和起床时间，即使在周末和节假日也不例外，不要任意延长睡眠时间。睡眠的环境应当安静，室内应当是较暗的光线和适宜的温度。睡前需保持平静，避免过度兴奋。可给听催眠曲，让其自然入睡。避免睡前阅读或观看有进展性的故事书或电视，或做剧烈的游戏活动。

3. 刷牙

自幼儿长第一颗乳牙开始就应该学习清洁和保护牙齿，父母可先用纱布蘸温水帮助清洗乳牙，也可用带有牙刷的指套帮助刷牙，等幼儿年龄递增后，可以学习自己刷牙。牙刷应选择幼儿专用的，牙刷头的长度不超过2.5厘米，牙刷头最好有2排或3排柔软的牙刷毛，软硬度适中，每支牙刷使用2～3个月后应更换。

4. 如厕技能训练

在两岁半的幼儿中，90% 的女孩和 75% 的男孩能够完全控制大便，甚至可以独自去厕所。这个年龄段的幼儿主要是训练白天的如厕技能。首先要让幼儿认识如厕的场所，其次为幼儿安排一个便器，让他们知道其功能，而且便器一定放在厕所内，逐渐教幼儿如厕的姿势和完成排泄的过程。

排泄训练的小建议：

🍀幼儿坐在便器上不排尿，可以打开水龙头，用流水声刺激。

🍀幼儿的每个进步都标出小（红）星。

🍀家长可以和幼儿一起上厕所，或带着他去厕所。

🍀用坚决的态度引导幼儿如厕，不能退让。

🍀仔细展示便器的功能。

常见问题处理 2～3岁

1. 咬人

2～3岁的幼儿很容易出现咬人的现象。该阶段是语言发育的快速期，同时也在学习人际交往的各种基本规范和处理人际冲突的基本技能。由于这方面的能力还不成熟，所以会出现用攻击性的手段来处理交往中的矛盾，咬人就是最突出的例子。咬人多发生在遇到不顺利的事情，或愿望得不到满足的时候，或要求表达不出来的时候。因此家长遇到幼儿咬人要仔细查找原因。

当幼儿咬人的时候，首先要及时制止，简单明了地对他讲"不能咬人""不可以这样"，说话时表情应严厉，让他明确这种行为是不对的，不能被接受。然后，家长应让他看一下被咬的伤口，知道咬人的后果，体会一下被咬者疼痛的感受。接着，让幼儿静坐或"立墙角"2~3分钟，反省一下，使其情绪平静下来。

对咬人的行为，平时要引导他用语言表达自己的愿望和感受，还要教他一些与人交往的方式。对幼儿的要求要延迟满足，让他学会等待和自我控制。

2. 逆反心理

2岁以后的幼儿开始出现第一个违拗期，许多事情都讨厌大人插手而要自己干，显示出明显的独立性。有时候因为能力还没发育完善，会把事情搞得一团糟，这时候家长千万不能急躁，而应循循诱导。

首先，尊重幼儿的意见和想法，比如要自己吃饭，家长千万不要因为他们吃得狼藉或摔坏餐具而训斥或制止，而是应协助他，每次可以给少量的食物，吃完再添；餐具可以选择不容易摔坏的材质。如果有些事情不是幼儿力所能及的，也可以解释给他听听，甚至鼓励他们试试，从而阻止他们。

其次，给幼儿制定一个大致的"规矩"，明确告知哪些是不可以做的，哪些是可以尝试的。如电插座是绝对不可以碰的，抽屉是可以尝试开的。一旦规则制定就不要轻易更改，既防止过于严厉，又要防止一再妥协宠坏幼儿。

最后，与幼儿交流的时候尽量避免说"不"，如果父母说"不要玩了，要吃饭了"，那么幼儿可能就会有抵触情绪。最好给选择题，如"先吃饭，饭后继续玩，如果不吃饭，就不能玩了"，让他们有选择权。

3. 进食问题

（1）培养自己进食

2～3岁的幼儿应该可以自己拿匙吃饭了。幼儿开始自己吃饭的时间，很大程度上取决于父母的态度，如果父母能尽早鼓励自己进食，不少幼儿不到2岁就能自己进食。如果父母或祖辈过分溺爱，没有学习进食的机会，那么有些幼儿到3岁了，还需要大人喂食。因此，父母要做到以下几点：第一，要有耐心，慢慢培养幼儿自己进食的习惯，千万不要等不得幼儿自己拿匙子吃，就麻利地喂完了，根本就没有给幼儿练习的机会，本想自理的幼儿看到父母给做了而且觉得这样挺舒服的，久而久之，养成依赖的习惯。第二，不要过分讲究饭桌上的卫生，幼儿毕竟还小，即使费好大的劲去按规矩吃饭也难免会把桌子、地面、衣服弄得脏兮兮的，这时候父母只能将就些，重要的是让幼儿得到充分的练习。第三，在幼儿把饭菜弄撒时，不应该训斥，要知道幼儿不是有意的，只是他手的动作还不够准确熟练，需要多多练习，父母应该在一旁看着幼儿，不断地给予鼓励，幼儿受到赞扬后就会更卖力地去练习。第四，不要担心幼儿自己吃饭会吃不饱，没等幼儿兴

趣减退就赶紧拿过匙子喂饭，希望幼儿多吃点是所有做父母的想法，殊不知这样做会打击幼儿自己进食的积极性。从幼儿一生来说，培养他能自己吃饭的独立意识比多吃半碗饭来得重要。第五，有的妈妈想让幼儿快些熟练地使用匙子，会操之过急去把着幼儿的手帮着吃，这种做法对于想独立的幼儿来说是最讨厌的事了。幼儿独立还是依赖，主要取决于父母是放手训练还是包办替代。

（2）左右手的使用习惯

幼儿刚刚学吃饭时，往往不分左右，高兴用哪只就用哪只手，在2～3岁的时候不必刻意去纠正，可以顺其自然。随着年龄的增长，大多数的幼

儿会按传统习惯使用右手，也有个别幼儿常用左手。如果幼儿常用左手，不一定非得纠正，但从生活方便这一点出发，最好引导幼儿使用右手。

（3）礼貌用餐

古今中外都把礼貌用餐、进餐礼仪看成是文明的一个标志，因此，从小培养良好的用餐习惯很重要。比如吃饭要坐在相对固定的位置，不可以跑来跑去；吃饭时不能发出难听的声音、不能大喊大叫；不能

霸占自己爱吃的菜、不能旁若无人地挑挑拣拣；用餐的时候要专心，不能边吃边玩，也不能看电视或手机。

（4）不吃蔬菜

很多幼儿不喜欢吃蔬菜，原因很多，最常见的原因是幼儿乳牙间隙宽，有时候菜会嵌在牙缝里，或者有可能不喜欢蔬菜的某种气味，可能抱怨蔬菜有些苦涩味。为了让幼儿喜欢吃蔬菜，可以把蔬菜做成各种花色，或与荤菜一起烧，逐渐调整蔬菜和荤菜的比例，或做成蔬菜色拉，荤素搭配的饺子或包子，让幼儿适应吃蔬菜，接受蔬菜。

（5）水果是否可以代替蔬菜

当幼儿不喜欢吃蔬菜时，不少爸爸妈妈就会用水果代替蔬菜，实际上水果蔬菜各有所长，不能相互代替。首先，水果中维生素含量比蔬菜低，蔬菜中含有一些水果中没有的特殊物质，如大蒜中的蒜素、葱里的辣椒素、胡萝卜里的胡萝卜素等，这些物质有杀菌、促进消化液分泌的作用，还可以转变为维生素 A。其次，水果中的碳水化合物常常以果糖、葡萄糖等小分子糖为主，很容易被吸收，短时间进食大量的水果会引起血糖的波动。最后，蔬菜中有较多的纤维素，可刺激肠蠕动，防止便秘。而水果中含有较多的有机酸如苹果酸等，可刺激消化酶的分泌。水果中还含有较多的葡萄糖、果糖、果胶和芳香酯等物质，因此香味扑鼻、口味甘甜，这往往是蔬菜所不及的。

4. 入托入园准备

2 岁以后，父母就可以考虑送幼儿去托幼机构的事情了，集体教育可以培养幼儿良好的社会适应能力，提高语言能力和思维能力，因此，将幼儿送到托幼机构是非常必要的。那么入托入园前应做哪些准备呢？

（1）情绪方面的准备

在幼儿进入托幼机构前 1 个月或更早，最好带幼儿先上托幼机构开办的亲子班。让他知道托儿所和幼儿园是和小朋友在一起玩的地方，而且会在活动过程中认识许多小朋友和老师，还会玩到许多家中没有的玩具，这样不仅熟悉了托幼机构的环境，同时也熟悉了小朋友和老师，可以帮助幼儿顺利地进入托儿所或幼儿园。平时要训练幼儿控制自己的情绪、欲望，控制冲动性行为，因为在托幼机构是有规矩的，不能随心所欲。

（2）基本生活能力的准备

要培养幼儿一些基本的生活能力，如自己吃饭、喝水，示意大小便，要让幼儿学会洗脸、洗手、脱衣服、穿衣服、上厕所、独立睡眠等。同时了解一下托幼机构的作息制度和要求，提前调整作息时间，逐渐使幼儿在家的作息和托幼机构的一致，这样幼儿入园后才不会感到不适应。

（3）分离的准备

幼儿刚去托幼机构的时候难免会哭哭啼啼，不想去，不想与爸爸妈妈分开。对此，送幼儿去托幼机构时，父母态度要坚决，坚持天天送，要告诉他"你必须去幼儿园"，让他明白，他去幼儿园和爸爸妈妈上班一样，是必须要做的一件事情。不要在送幼儿去托幼机构后悄悄离开，这种做法只会造成幼儿更大的不安和恐惧。父母最好将幼儿安顿好后，让他感到放心后再离开。如果幼儿依然不让家长离开，那么家长态度一定要坚决，否则幼儿容易产生强烈的依赖心理，不利于焦虑的消除。每天按时接他，以免幼儿等候过久而哭闹。回家后多与幼儿交流托幼机构的趣事，让他表演所学的儿歌舞蹈，从正面引导幼儿对集体生活的美好回忆。

疫苗接种　2～3岁

第一类疫苗是指政府免费向公民提供，为国家常规接种疫苗；第二类疫苗是公民自费并且自愿接种的疫苗，增加了预防疾病的种类，其中带＊的疫苗可以按照免疫规划疫苗接种程序和疫苗说明书替代第一类疫苗。

◆24个月：甲肝灭活疫苗第 2 次接种。乙脑减活疫苗第 2 次接种；或自愿选择乙脑灭活疫苗第 3 次接种。

◆24个月以上：自愿选择 23 价肺炎疫苗接种（注：15 个月前没有接种过 13 价肺炎球菌多糖结合疫苗者，>2 岁后接种 23 价肺炎球菌多糖疫苗 1 剂）。

◆自愿选择儿童型流感疫苗 1～2 剂（注：1～2 岁内接种过流感疫苗者，仅接种 1 剂次，与上剂流感疫苗间隔 10～12 个月；没有接种过流感疫苗者则接种 2 剂，2 剂间隔 2～4 周）。

◆自愿选择轮状病毒疫苗接种第 3 剂（与轮状病毒疫苗第 2 剂间隔 1 年）。

2～3岁儿童疫苗接种程序表

年龄	疫苗名称	接种程序		
		国家计划扩大免疫接种	上海市第一类疫苗	上海市第二类疫苗
2岁	乙脑减毒活疫苗	第2剂次	第2剂次	
	乙脑灭活疫苗	第3剂次		第3剂次
	甲肝灭活疫苗	第2剂次	第2剂次	
3岁	A+C流脑疫苗	第1剂次	第1剂次	
	23价肺炎球菌多糖疫苗			第1剂次
	儿童型流感疫苗			第1～2剂次
	轮状病毒疫苗			第3剂次

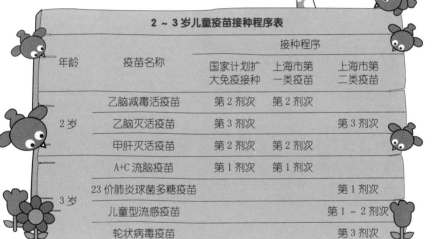

第九章

3~4岁

体格生长　3~4岁

1. 体重和身高参考值

体重的测量方法仍同 3 岁以前，站着或坐着测量都可以，但身高的测量却不能像 3 岁以前那样躺着量了（躺着量时称为"身长"），而应站着测量（站着测量出的称为"身高"）。可用身高计或将皮尺钉在墙上进行测量。幼儿取立正姿势，背靠身高计的立柱或墙壁，两眼直视正前方，胸部稍挺起，腹部略后收，两臂自然下垂，手指并拢，脚跟靠拢，脚尖分开约 60 度，使两足后跟、腘窝、臀部、双肩及头部均接触到立柱或墙壁。用一横木板紧压头顶，读取数值，即为身高。每次测量最好在清晨起床后，晚上的身高会比早晨矮 1 ~ 2 厘米。

男女幼儿身长和体重的参考值如下。

儿童体格发育全国参考标准（3 ~ 4 岁）				
年龄	体重参考值（千克）		身高参考值（厘米）	
	男	女	男	女
3 岁	10.61 ~ 20.64	10.23 ~ 20.10	85.60 ~ 108.70	84.70 ~ 107.40
3.5 岁	11.31 ~ 22.13	10.95 ~ 21.69	89.30 ~ 112.70	88.40 ~ 111.30
4 岁	12.01 ~ 23.73	11.62 ~ 23.30	92.50 ~ 116.50	91.70 ~ 115.30

2. 体重和身高增长的速率和规律

3 ~ 4 岁幼儿的身体中，脂肪率会进一步下降，肌肉组织将进一步增加，使幼儿具有更加强健和成熟的外观。此时幼儿的生长速度逐渐减慢。

这个阶段的幼儿每年体重增加 2 千克左右，身高每年增长 5 ~ 7 厘米。

饮食和营养 3 ~ 4 岁

1. 每日营养摄入量

3 岁的幼儿大多已经进入幼儿园，中餐和下午的点心大多由幼儿园提供，有的幼儿园还提供早餐。这个年龄段的幼儿应安排三餐一点心的形式，提供的能量分别为早餐占总能量的 20%，中餐占总能量的 35%，下午的点心占总能量的 15%，晚餐占总能量的 30%。食物应多样化，鼓励幼儿不挑食、不偏食。一般每天需要的谷物类食物 150 ~ 200 克，鱼、肉、蛋类 150 克，蔬菜 200 克，水果 200 克，牛奶 400 毫升左右。

2. 食物的选择

这个阶段幼儿的饮食可以与成人保持一致，不必额外加工。大米等谷物类食物，淘洗的时间不宜过长，以免损失 B 族维生素。米面搭配，适当吃一些玉米、全麦等粗粮。蔬菜水果应新鲜，准备蔬菜时，应先洗后切，现做现吃，急火快炒或凉拌有利于维生素的保持。绿叶蔬菜中的维生素含量比较高，铁和钙的含量也相对高，因此最好每天所吃的蔬菜中有一半是绿叶蔬菜。荤菜和素菜要合理搭配。

3. 培养良好的进食习惯

◆定时、定点进餐：到了吃饭的时间，幼儿应坐在固定的位置进餐，4岁左右的幼儿还可以帮助大人做一些简单的餐前准备，如摆放筷子、碗碟等。

◆不偏食、不挑食：各种主食、辅食都吃，不因喜好而只吃几种食物。

◆自己吃饭，专心进餐：3岁以上应自己进食，不要大人喂食，吃饭的时候不看电视，不玩玩具。

◆注意进餐礼仪：餐前应洗手；吃饭时不故意发出刺耳的声音；不应含着食物说话；不霸占自己喜欢的饭菜；不挑挑拣拣食物；应细嚼慢咽，不暴饮暴食。

发育水平及促进 3~4岁

1. 运动和动作发育

（1）大运动

3岁以上的幼儿站立、跑动、蹦跳都很自如，可以独自上下楼梯，并慢慢学会左右脚交替着上下楼梯，能从最后一级楼梯跳下，会踮着脚尖行走，会骑小三轮车。但幼儿从蹲位站起，或单脚站立仍然十分困难。如果他手臂伸展，机械地向前跑，他可以抓住一个大球，并能十分顺利地将一个小球从手中抛出。

（2）手和手指技能

3岁以后的幼儿肌肉控
制的技能逐渐发育，因
此许多精细动作也在
慢慢完善中。他可以
独立或合并运动自己
的每一根手指，这意味着他从以
前用拳头抓蜡笔的方式发育成与
成人更加相似的方法——拇指在一
侧，其他手指在另一侧。现在他能够
画方形、圆形或自由涂鸦。

因为他的空间感知能力也有了相当的发育，所以对各个物体之间
的关系更加敏感，幼儿在玩耍时，会更仔细地确定玩具的位置，控制
使用餐具的方法并完成一些特殊的任务。控制力和敏感度的增加使他
可以搭起9块以上积木，吃饭时不会洒出来太多食物，有能力用两只
手将水从大水壶里倒入水杯，脱衣服并可以将大扣子扣进衣服的扣眼。

他对利用工具做事情越来越有兴趣，例如用剪刀剪纸，堆沙子玩
泥巴或橡皮泥等。

2. 认知发育

幼儿在3岁后慢慢学习思考，因此会经常询问他身边发生的各种
事情。喜欢说"为什么我必须做……"，并乐意倾听答案，因此抚养者
的回答要简单切题。由于他还不能推理事物的前因后果，所以抚养者
不必充分解释，只需告诉他简单的结果即可，如"因为吃胡萝卜对你
眼睛有好处"或"你不会受伤"对他来说比详细的解释更有意义。

3岁幼儿的推理仍然是单方面的，他对时间概念慢慢清楚，可以
理解某些特殊的时间，例如一段时间内有一次假期和生日，即使他能

够说出自己几岁，但实际上他并没有一年究竟多久的时间概念。到 4 周岁时，能正确说出一些颜色的名字，能理解数字的概念，并认识一些数字，能执行 3 部分组成的指令，能回忆起一部分的故事，能理解饿了该怎么办、累了该怎么办、渴了该怎么办，喜欢从事自己喜欢的游戏。

3. 语言发育

（1）正常的语言水平

在 3 岁时幼儿的词汇可以超过 300 个，能够用 5 ~ 6 个单词的句子交谈，并可以模仿成人发出的大部分声音。有时幼儿会不停地唠叨，这对于幼儿学习新词并利用这些词汇思考是必要的。幼儿可使用语言表达自己的情感，或者来帮助自己来理解并参与发生在他周围的事情。他经常会问："这是什么？"

3 岁以后的幼儿能慢慢正确地使用代词"我、你、他，我的、你的、你们"等。虽然这种词看起来简单，但很难理解，他经常会使用他的名字代替"我"，但有时可能还会弄错，家长应有意识地鼓励幼儿用代词，例如要说"我想让你来试试"来代替"妈妈想让你来试试"，这可以帮助幼儿正确使用这些词。

在本阶段，幼儿的语言非常清晰，甚至陌生人也可以听懂幼儿说的大部分内容。尽管如此，他的一半发音仍然可能是错误的，例如用简单的字母代替任何发音困难的字母发音。他还可以理解相同与不同的概念，掌握一些基本的语法规则，用 5～6 个单词的句子说话，可以讲故事。

（2）可能出现的语言问题：口齿不清

3 岁左右的幼儿口齿不清的原因有很多，主要有以下两个方面。第一，幼儿有先天性发育异常，例如唇腭裂或听力损害，影响正常发音。这可通过早期发现和医疗处理矫正。第二，后天环境不良，例如家长对幼儿的语言教育差，幼儿的不良语言习惯未被及时纠正，也会有语言发育迟缓和发音不清等问题出现。对于前者，应及时就诊，治疗原发疾病；而那些没有先天畸形的幼儿，如果存在发音不清等问题，家长要及早着手进行纠正。纠正语言问题时，家长不要训斥或讥讽幼儿，要耐心地做示范，也可让幼儿听广播和电视里播音员的发声，并鼓励幼儿模仿正确发音。如果到 4 周岁，幼儿的语言还不能被陌生人所理解，那应该及时就医。

4. 社交和情感

与 2 岁时相比，3 岁以后的幼儿已经学会分享，学会互助而不那么自我了，对家人的依赖也逐渐减少，这是自我识别得到强化和更有安全感的现象。此时他会与别的幼儿一起做游戏，相互配合，而不是自己玩耍。在这个过程中他认识到并不是所有人的想法都与他完全一样，每一个伙伴都有独特的性格。家长会发现幼儿更加倾向于与幼儿玩耍，并开始和他们发展友谊。在建立友谊的过程中，他会发现自己也有一些让人喜欢的特征——这种发现对他的自尊心的培养具有强烈的支持作用。

随着幼儿对其他人的感觉和行为了解的增多和敏感，他会逐渐停止竞争，并学会在一起玩耍时相互合作，会以更文明的方式提出要求，而不是胡闹或尖叫。

要帮助幼儿使用合适的词语描述自己的情感和渴望，避免幼儿感到挫折。更为重要的是亲自为他做出如何和平解决争端的榜样，如果家长脾气暴躁，应避免幼儿在场时发火。否则，他感到情绪

不好时，就会模仿家长的不良行为。帮助幼儿玩假扮游戏，或过家家游戏，如男孩扮演父亲、警察叔叔，女孩则扮演母亲等，逐渐让他学习认识自己的性别。

3岁以后的幼儿情感的发展也更为迅速，学会幻想，但还不会分别幻想和现实差异。幼儿常常在幻想与真实之间转换，有时会深深沉浸于他虚构的影像中，因此有时会被家长误解为"撒谎"。这是正常情感发育的必经时期，不应该受到批评或惩罚。尤其是不要和幼儿说"假如不乖，就要关起来"或"妈妈就不要你了"之类的玩笑，因为他会信以为真，从而在很长的一段时间内感到恐惧。

照护注意点 3～4岁

1.饮食

一般来讲，3岁后的幼儿可以和成人吃一样的食物，不必单独制作了。可以做三餐加一点心。家长应注意食物的多样化和食物之间的

合理搭配，保持膳食平衡。注意食物的色、香、味、形及品种变换，以增进幼儿的食欲。不要给幼儿吃刺激性的食物，如辣椒、咖喱、咖啡等，最好不吃油条、炸鸡腿等油炸食品。

2. 睡眠

3 岁以上的幼儿每天睡眠时间大概是晚上 10 ~ 11 个小时，白天 2 ~ 3 个小时。睡觉前家长可以给幼儿讲个小故事，这个故事不需要每天更新，每天重复有利于幼儿进入"睡眠模式"。每到该睡觉的时间就不要带出去玩，而且应该让家里保持安静，告诉幼儿爸爸妈妈很累了要休息，不能太吵，他感到无聊后也会慢慢就想睡觉了。

3. 排便

大约 80% 的幼儿在 3 岁的时候可以控制大小便，白天不尿湿裤子，晚上偶尔有尿床，90% 的幼儿在 4 岁时可以做到控制大小便。

4. 培养良好的卫生习惯

生活中大部分疾病，都与个人卫生习惯密切关联，因此良好的卫生习惯将会使幼儿的一生受益。幼儿勤换衣服、勤洗手，能够整理房间，饭前便后洗手，早晚刷牙，这些事情看似小事，却直接影响着幼儿的生活质量。

（1）让幼儿保持身体及服装的整洁

3 岁以后的幼儿已经能慢慢学会基本的生活自理，家长应让幼儿定时洗脸、洗头、洗手、刷牙、洗澡、换衣、剪指甲，保持身体及服装的整洁。

（2）让幼儿养成卫生的饮食习惯

饭前便后要洗手，不用手抓食菜肴，生吃瓜果要洗净等，这些都属于良好的卫生饮食习惯，能够有效防止幼儿的"病从口入"。

（3）让幼儿注意生活环境的保洁

不乱扔果皮，不随地吐痰、大小便，保持公共环境卫生。

（4）让幼儿养成有规律的生活习惯

家长应帮助幼儿制定切实可行的生活制度，可参照托幼机构的时间安排起居、饮食、游戏、学习和劳动的时间。

常见问题处理 3～4岁

1. 说谎

幼儿说谎的原因有很多，尤其三岁左右的幼儿，原因更是五花八门，主要常见于以下几个方面。

✦丰富的想象力和好奇心：在幼儿的眼里，哪怕是一块石块也是有生命的，月亮星星就是可以摘下来的……他们常常分不清想象还是现实，因此，经常把想象中的事情说出来。比如，一个小男孩会对妈妈说，自己的玩具车被天上的小鸟叼走了。如果妈妈不理解，会将幼儿这种想象误解成是说谎，实际上，这却是幼儿宝贵的想象力的体现。

✦满足需求：还有的幼儿在伤心的时候或在愿望得不到满足的时

候，就会通过对与愿望有关的想象来满足自己的需求。比如，一个小女孩对妈妈说，幼儿园的小朋友吃掉一大盒冰激凌。她这么做的目的并不是欺骗妈妈，而是因为自己喜欢吃冰激凌，却不被允许，所以，她便有了和冰激凌相关的想象。

➦渴望被关注：这个年龄段的幼儿非常希望得到父母或老师的认可。有时候为了得到夸奖，就会出现说谎的行为。比如老师问幼儿园的小朋友，谁家有小汽车可以帮助运送一下生病的保安叔叔，谁有就举一下手，这时很有可能家里没有车的幼儿也举了手，一方面是因为幼儿有从众的心理现

象，看周围的幼儿都举手，他也就举手；另一方面，他们知道举手可以得到老师的肯定和关注，但是这个行为，却常常被父母和老师认为是不诚实的表现。

➦模仿：这个年龄段的幼儿非常喜欢模仿，因此幼儿不知不觉就学了家人一些不好的行为。比如爸爸背着妈妈在外面抽了烟，却怕妈妈唠叨就否认抽烟。那么幼儿就很容易学会这种撒谎，比如幼儿明明吃了一块巧克力，妈妈问起时，他就说"没有，没有呀。"

➦避免惩罚：有的家庭对幼儿的过错惩罚非常严厉，那么幼儿为了躲避惩罚就容易出现说谎的行为。比如打破了杯子，他们会说是小猫小狗弄破的，或者说不是自己弄的。

因此，遇到幼儿说谎的时候，一定要分析原因。平时要学会倾听幼儿想象出来的故事。对幼儿假想出来满足自己需求的说谎，父母要关心其说谎背后的原因，而不是简单地惩罚幼儿。先找出说谎的原因，如果幼儿说出实情，父母一定要遵守诺言不给予处罚，反而赞赏他勇于认错的行为，让幼儿明白父母对他的重视。假如幼儿是为了逃避某些事情，则需要先针对他不喜欢什么，多聆听并与幼儿沟通。

父母平日应加强与幼儿沟通互动，多了解幼儿的想法，让幼儿感受到父母对他的关爱与注意；父母应该以身作则，在日常生活中做一个好榜样，不要不经意地在幼儿面前说出做不到的承诺，说话要算数，平时既不能哄骗幼儿也不能父母之间相互欺骗。对于幼儿一些小的过失或错误，家长应该有一颗宽容的心。站在幼儿的角度去理解他们，并鼓励幼儿再次去尝试。这样一来，幼儿就不会为了逃避惩罚而撒谎了。

2. 咬手指、指甲

幼儿咬手指或指甲一般都是无意识行为，心理学上认为是口欲期的一种延续，是缓解紧张、分散注意力的一种不良习惯。在婴儿期通常认为这是一种可以被接受的行为，但随着幼儿年龄增长，接触外界的机会增加，触摸不卫生的物品的机会也增多，应慢慢劝阻幼儿改去咬手指或指甲的习惯。

幼儿在咬手指或指甲时一般是无选择性地咬十个指甲，被咬过的指甲常变得短而参差不齐。有些幼儿注意力集中在某一感兴趣的东西时，还会咬随身的其他东西，如咬铅笔和手帕等。由于反复地咬指甲，会损伤手指的指甲和皮肤，使指甲边缘变得粗糙，指甲边缘的四周出血和指甲畸形，甚至发生甲沟炎等感染现象。

幼儿咬手指或指甲主要与紧张和忧虑有关，与父母分离、看惊险的影视片以及幼儿受到父母的责骂或惩罚等。有些幼儿的咬指甲行为常常发生在他们聚精会神地看电视、听故事、找东西、做作业和想问题的时候。

在一般的家庭中，当幼儿出现咬手指或指甲时，家长们往往会训斥幼儿，甚至采取惩罚措施。然而，结果常常事与愿违，幼儿不但毫无悔改表现，反而越演越烈，令家长非常头痛甚至恼火。其实，只要了解其发生原因，采取综合措施，大多数幼儿咬手指或指甲的不良习惯会很快得到矫正。

首先，家长应明确幼儿咬手指或指甲是完全可以被纠正的。单纯地采取责骂或惩罚不但无益于改变，反而有害，甚至会使情况愈演愈烈。其次，要积极寻找引起幼儿紧张和忧虑的因素，并及时改善幼儿的生活环境，培养健康的生活习惯。家长应定期给幼儿修剪指甲，防止指甲和表皮损伤，导致伤口感染。当幼儿出现咬手指或指甲时，父母应耐心地教他把手指慢慢地从嘴里移开，紧紧地抱住他的双臂，并用微笑、点头或夸奖的口吻表示肯定，或者做另一件有意义的事来分散幼儿的注意力。

纠正幼儿咬手指或指甲的坏习惯不是一朝一夕就能见效的，矫治的过程需要较长的时间，故不但要求幼儿增强信心，而且父母也要有耐心，采取父母的监督和幼儿自我监督相结合的方法，巩固矫治的效果，只要能坚持矫治一段时间，就能达到戒除幼儿咬手指或指甲的这一行为偏离。

3. 交叉擦腿

幼儿习惯性交叉擦腿多发于 1～3 岁的婴幼儿，主要见于女孩。幼儿一般在入睡后或刚刚醒来时出现该现象。典型的症状是双腿屈曲、交叉或紧紧贴压在一起，然后相互摩擦。摩擦幅度一般不大，或者双腿处于强直状态不动。年龄较大的幼儿可在突出的家具角上或倚在某种物体上，甚至父母的膝盖上活动身体，进行摩擦。也有的幼儿可用手抚摸自己的外生殖器，慢慢地小脸涨红，双眼凝视定神或睁大，面部表情紧张，几分钟后，这种状况开始缓解，多数幼儿因困乏无力，头额部沁出细细汗珠而入睡。一般间隔几天发生一次，也有的一天可发生多次。这些幼儿还有下列特征：智力正常，症状发作时神志是清醒的，他们的脑电图正常，发作可因外界因素而停止。

目前的研究显示，交叉擦腿的原因主要是与幼儿身体的局部刺激有关，常常是由于偶然的机会而形成习惯。比如有的家长用较热的水或肥皂水洗涤幼儿外阴，由于幼儿皮肤细嫩，尤其是女孩的会阴、阴唇等处皮肤极为细嫩，因而可造成对该处的刺激。如果反复多次，往往会使幼儿喜欢躺卧于一定体位，通过腿部屈曲紧压摩擦来代替刺激，以获取舒适感觉，时间一长便成了习惯。这种习惯有时也可能是源于局部的疾病，如湿疹、包茎、外阴炎症、蛲虫等引起的局部痒感，这种痒感在一定的体位，经某种躯体的动作可以获得缓解。这种体位和躯体动作也许成为本症的最初症状与表现。

家长发现幼儿患有这种交叉擦腿现象时，不必过于紧张与惊慌。父母过于紧张的情绪会给幼儿消极的影响，幼儿往往会更恐慌或紧张，甚至加重症状。对于幼儿的这种习惯，父母也不可对其惩罚、责骂、讥笑，否则容易造成幼儿的逆反心理，反而不利于症状的改善。正确的处理方法是对幼儿加以诱导，分散幼儿的注意力，可轻轻地呼唤其名字，或改变其睡觉的体位，或将幼儿抱起来以阻断其反常动作，这样反复多次，一般反常动作会逐渐消失。如果病情很严重，可去正规的儿童医院就诊，请医生诊治。

本现象的预防是关键，父母应注意以下几方面：注意幼儿生殖器的卫生，经常用清水冲洗，保持清洁；幼儿入睡时所穿衣服不要过多过紧；如果是寄生虫或阴部病变所致的幼儿反常动作，除了纠正其反常动作外，同时还应进行相应疾病的药物治疗。

4. 异食癖

有些幼儿爱吃泥土、毛线头、毛屑、碎纸甚至头发等东西，这就是所谓的异食癖。

异食癖是由于代谢功能紊乱，味觉异常和饮食管理不当等引起的一种非常复杂的多种疾病的综合征。过去人们一直以为，异食癖主要是因体内缺乏锌、铁等微量元素引起的。目前越来越多的研究显示，异食癖主要是由心理因素引起的，如幼儿非常寂寞，缺乏父母的关爱，他们吃那些不能吃的东西是为了寻求刺激或引起父母的关注。

异食癖的幼儿表现就是异食，较小的东西吃下去，较大的东西就用舌头去舔，不听人劝阻，躲在一边悄悄吞食，其危险不在于其行为本身，而在于幼儿吃下去以后对身体的危害，可引起多种疾病，如铅中毒、贫血、营养不良、寄生虫病等，因此要及时处理。首先找出异食现象的原因，然后对因处理，多关心幼儿是否有缺锌、缺铁。对大一些的幼儿，应告诉他们吃这些东西的危害。如果幼儿的异食行为减少，要及时称赞或奖赏。这样，异食现象就会逐渐得到纠正。

5. 玩弄生殖器

幼儿在 3 岁左右逐渐形成性别意识，这时他们对自己的生殖器更加感兴趣，个别幼儿在好奇心的驱使下躲在没人地方或者上床后、起床前在被窝里玩弄外生殖器，且次数逐渐增多，这常让父母感到不安。那么幼儿玩弄生殖器怎么办？

有的父母以严厉指责来制止幼儿对性器官的探索，结果可能事与愿违，父母阻止以及遮遮掩掩的态度，反而增加了性器官的神秘感，更容易激起幼儿的好奇心。而且父母这样做，也会妨碍幼儿健康的性心理的形成，认为性器官是羞耻的、肮脏的，性欲是需要被抑制的，不利于幼儿成年后正确对待性行为和性冲动。因此父母正确的态度应为"表示理解，但不支持"，以下做法可做参考。

🍂如果幼儿只是在洗完澡后、晨起或临睡前摸生殖器，父母可以装作没看见，或者用玩玩具、讲故事、做游戏等办法转移他们的注意力。

🍂告诉幼儿可以摸"小鸡鸡"，但这是一件秘密的事情，应在浴室和自己的房间做，但不可以当着别人的面做，尤其在客厅、幼儿园或其他公共场合，那样很不礼貌。

🍂尽管用"小鸡鸡"称呼男性生殖器更亲切自然，父母也有必要告诉幼儿"小鸡鸡"的学名，这样幼儿大一点时，听到"阴茎"这样的词才不会感到奇怪。

🍂教会幼儿保护"小鸡鸡"，告诉他不可以用硬的东西去触碰它，不可以把东西套在它上面，有皮球冲它飞过来，要用手捂住，以免"小鸡鸡"受到伤害。

🍂生殖器勃起多为正常的生理现象，即使是婴幼儿也会有这样的表现，当出现这种状况时，父母可以轻松自然地告诉幼儿："小鸡鸡"里有尿了，赶快去厕所吧。

🍂提醒幼儿，随意摸"小鸡鸡"，手上的细菌会跑到"小鸡鸡"里面，"小鸡鸡"会生病。而且"小鸡鸡"上的细菌也会跑到手上，吃进肚里也容易生病。

✦大人不要拿幼儿的"小鸡鸡"逗乐，拉下男孩的裤子或是摸"小鸡鸡"。这样极不尊重幼儿，不利于他们建立隐私意识，也会加重幼儿玩弄生殖器的行为。

幼儿玩弄生殖器只是对自己身体的探索，是一种生理性行为，就像摸眼睛、鼻子一样，跟成年人的手淫有本质差别，父母只有抛开成年人的偏见，才能更好面对这一现象。

疫苗接种　　　　　　　　3～4岁

第一类疫苗是指政府免费向公民提供，为国家常规接种疫苗；第二类疫苗是公民自费并且自愿接种的疫苗，增加了预防疾病的种类，其中带＊的疫苗可以按照免疫规划疫苗接种程序和疫苗说明书替代第一类疫苗。

✦3岁：A+C群流脑多糖疫苗第1剂；自愿选择A+C群流脑结合疫苗第3剂；或选择ACYW群流脑多糖疫苗第1剂。

✦＞3岁：自愿选择成人型流感疫苗1剂（注：3周岁以后，每年成人型流感疫苗1剂，接种时还需要与流感流行季节匹配）。

✦4岁：脊髓灰质炎疫苗第4次接种；麻疹–流行性腮腺炎–风疹联合疫苗（麻腮风疫苗）第2次接种。水痘疫苗第2次接种。

年龄	疫苗名称	接种程序		
		国家计划扩大免疫接种	上海市第一类疫苗	上海市第二类疫苗
3岁	A+C 群流脑多糖疫苗	第1剂次	第1剂次	第3剂次
	A+C 群流脑多糖疫苗 *			第3剂次
	ACYW 群流脑多糖疫苗			第1剂次
> 3岁	成人型流感疫苗			每年1剂次
4岁	脊髓灰质炎疫苗	第4剂次		
	脊灰减活疫苗		第2剂次	
	麻腮风疫苗		第2剂次	
	水痘疫苗		第2剂次	

3～4岁学前儿童疫苗接种程序表

体格生长　4～5岁

1.体重和身高参考值

儿童体格发育全国参考标准（4～5岁）				
年龄	体重参考值（千克）		身高参考值（厘米）	
	男	女	男	女
4岁	12.01～23.73	11.62～23.30	92.50～116.50	91.70～115.30
4.5岁	12.74～25.61	12.30～25.04	95.60～120.60	94.80～119.50
5岁	13.50～27.85	12.93～26.87	98.70～124.70	97.80～123.40

2.体重和身高增长的速率和规律

　　4～5岁的学前儿童，体格生长的速度放慢，身高每年平均增长5～7厘米，体重每年增长1千克多。

饮食和营养　4～5岁

1.每日营养摄入量

　　4～5岁的学前儿童活动量加大，能量消耗也增加，对各种营养物质的需要量均较低龄婴幼儿增加，需要提供全面、均衡的合理膳食来充分满足生长发育的需要。

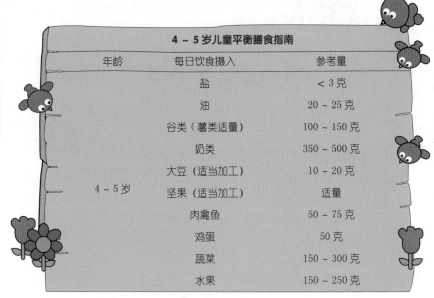

4～5岁儿童平衡膳食指南		
年龄	每日饮食摄入	参考量
	盐	＜3克
	油	20～25克
	谷类（薯类适量）	100～150克
	奶类	350～500克
4～5岁	大豆（适当加工）	10～20克
	坚果（适当加工）	适量
	肉禽鱼	50～75克
	鸡蛋	50克
	蔬菜	150～300克
	水果	150～250克

2. 食物的选择

　　4～5岁的学前儿童对富含能量的食物（如米和面等主食）的需要量增加。咀嚼能力增强，胃容量不断扩大，消化吸收能力开始向成人过渡。因此，普通饭菜和各种食物都可以选用，但不可多吃刺激性食物。此时的学前儿童体格发育快，对钙的需求量仍较高，牛奶中钙含量较高，应在早餐及睡前喝奶以增加钙的摄入。食物选择举例如下。

　　🍀主食以谷类食物为主：米饭、馒头、花卷、粥、面包等是能量的主要来源。

　　🍀多吃蔬菜，水果和薯类：这些食物是维生素、无机盐和纤维素的来源。

　　🍀每天喝2～3杯配方奶：补充钙和优质蛋白质。每天饮用500克牛奶以满足此年龄儿童对钙的需要量。但也要避免过多的牛奶摄入量，太多牛奶将降低儿童对其他食物的欲望，影响营养素的均衡摄入。

◆ 多吃鱼、禽蛋、瘦肉：补充优质蛋白质。

◆ 可多吃带馅食物：包子、饺子、馅饼等，有面、菜、肉和油等多种食材，是营养比较均衡的食物。

◆ 适量点心零食：作为补充，正餐之间，每天不超过 2 次。应选择有营养的健康食品，如酸奶，水果，可生吃的蔬菜（如胡萝卜、西红柿、黄瓜等），面包、饼干。睡觉前不宜再吃点心。糖果、糕点、含盐或脂肪过多的食品不能当主食吃。避免受儿童食品广告影响购买不健康的零食。

发育水平及促进 4～5岁

1. 儿童具备哪些能力了

（1）大运动能力

4～5 岁的学前儿童，可用脚尖站立，可双脚交替下楼梯，会骑三轮车、拍球；5 岁的儿童喜欢运动性游戏，平衡和协调动作的能力增强，走、跑、上下楼梯的姿势成熟，能灵活地在运动中改变方向、速度和方式，会单脚跳、投掷、踢球，能学会游泳、跳绳。还能学会其他更复杂的大运动技能，如学会轮滑、骑两轮车、跳舞等。

（2）手功能和精细动作

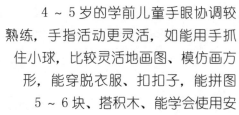

4 ~ 5 岁的学前儿童手眼协调较熟练，手指活动更灵活，如能用手抓住小球，比较灵活地画图、模仿画方形，能穿脱衣服、扣扣子，能拼图 5 ~ 6 块、搭积木、能学会使用安全剪刀。5 岁时会穿珠子、临摹自己名字、搭较复杂的积木图形，画一个开放的方形和相切的圆。

（3）认知

4 岁儿童的记忆能力良好，可回忆几个月前的事情。5 岁以后开始能主动运用重复、联想简单的记忆方法。

4 岁儿童集中注意的时间一般为 10 分钟左右，5 岁学前儿童的注意时间一般为 10 ~ 15 分钟。

5 岁的儿童能理解形状和数字，数数到 20，计算简单的加、减法，在几个数字中识别哪个数字更大；开始理解时间序列；会归类，能根据不止一个特点给物品归类，如按动物归类、按颜色归类；想象活跃、内容丰富、有情节，新颖程度增加；逐渐学会一些入学的基本技能，如看、听、读、写、算等。

（4）语言和言语

4 ~ 5 岁时，语言能力发展很快。4 岁时会说较多复杂的语句，掌握了母语中的各类基本词汇和语法结构，言语越来越连贯，同时也学会了用代词，运用一些形容词、副词等修饰性词汇和描述性语句。表达的内容比较丰富、词义逐渐明确并有一定的概括性，会讲故事并自己编故事，会复述简单事情，会表达自己的想法和愿望，可较流畅地与他人交谈。5 岁后儿童更会用语言与别人商量，在解决问题时会用简单的协商，开始阅读和写字。

（5）情绪、情感

情绪体验已很丰富，除了快乐、兴奋、（生气）愤怒、焦虑、羞怯、惊讶、嫉妒、悲伤等基本情绪，还发展出信任、同情等较高级的情感。由于想象的迅速发展，常见的害怕对象有动物、黑暗、嘲笑和所谓的"鬼怪"。

由于儿童的语言尚未发展得很好，有时为了发泄不满和被激怒时常常发脾气，但可随着语言的发展和控制力的提高而逐渐减少，5 岁左右就很少发脾气了。

求知欲是对知识的好奇和渴求，是一种与思维发展密切相关的高级情感，智慧越高的儿童求知欲越强。儿童的求知欲常表现为好奇、好问，这种特点在 4 ~ 5 岁期间最为突出。逐渐地通过自己探索、阅读等方式满足自己的求知欲。伴随好奇感，儿童会表现出"破坏"行为，如喜欢拆卸东西等，这种行为需要正确引导。

4 岁左右的儿童也有自尊感，例如被评价"是个好（坏）孩子"时便会产生积极（或消极）的感受。家长和老师的评价对儿童自尊的形成很重要，如果对儿童的态度以关爱、支持、鼓励为主，则儿童的自尊发展比较好。

4 ~ 5 岁的儿童能更独立地管理自己的情绪，可用言语表达情绪、情感，会用自我言语或其他自我安慰的方法调整自己心情，对强烈情绪的控制能力有很大的进步，很少会遇到挫折动辄哭闹、攻击，不愿服从大人的要求时会以更复杂的语言与大人协商，也能在大人的要求下做一些并非自愿和有兴趣的事情。耐心等待的时间逐渐延长，但难以超过 15 分钟。

（6）社会交往

4 岁开始，同伴交往增多，喜欢与其他小朋友玩，社会性游戏增

多，游戏时更懂得合作，并开始懂得游戏规则。在同伴交往中出现了
对伙伴的关心、帮助行为。在需要的时候会给别人简单的帮助，如拥
抱、安慰、鼓励；当与同伴有冲突时找大人帮忙解决，如玩具被抢后
找大人帮助，解决冲突的时候，能在大人的建议下做出让步；与同伴
活动时懂得轮流。

4~5岁的儿童具有
很好的顺应性，愿意遵守
规定，愿意分享，将自己
的东西分给别人，对自己
喜欢的小朋友表示友好，
如拉手、将自己玩具拿给
小朋友。

5岁儿童，更喜欢与
人交往，越来越在乎是否被小伙伴接纳，如果经常被同伴拒绝则自尊
受挫。开始关注家庭以外的大人和儿童，试探性地询问周围人的事情，
如"那个小朋友怎么哭啦？"

（7）自理能力

会自己吃饭、穿脱衣服；会自己上厕所（但大便还需要帮助擦）、
洗澡；会用手帕或纸巾擦嘴、擦鼻涕；会自己洗脸、刷牙；会整理玩
具，并简单地清洗玩具。

有安全意识，如在家中不碰触烫的水瓶、不玩火或煤气、不碰触
电源、不爬窗台等，在外面玩时远离危险地带，拉着家长的手过马路，
会看红绿灯。

（8）社会适应

随着儿童成长，更多的时间要走出家庭、进入社会，包括在社区、
幼儿园和学校中活动，同时也开始面临社会环境的变化，这些变化都
会给儿童带来心理反应，即所谓的应激。从没有多少行为制约的家庭
进入了有各种规章制度的幼儿园，这对大多数儿童来说是一种考验。

聪明宝宝

智慧养育

在家庭以外的社会中活动、学习和生活，这需要儿童有相应的社会适应能力，包括听从指令、同伴交往、学习技能、情绪调控等。

（9）性别认同

4～5岁时，开始意识到性别的差异，更懂自己的性别身份，进行同性别的活动、模仿同性家长的行为；对异性产生好奇，表现出对异性父母的兴趣，如身体特征、服饰、如厕特点等。

儿童4岁后知道性别固定，即使男孩穿了女孩的衣服也仍然是男孩。活动中表现出性别差异，如女孩喜欢娃娃，男孩喜欢玩具汽车。

2. 促进学前儿童能力发展

学前期是身心发展的快速时期，是认知、社会化、自信及个性形成的基础时期，应重视发展与年龄相适应的能力。

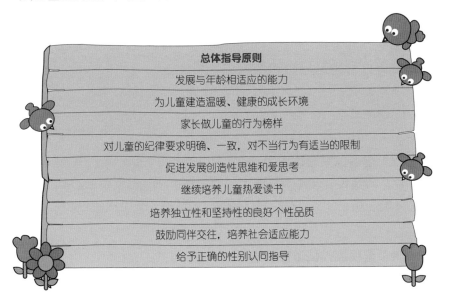

总体指导原则

发展与年龄相适应的能力

为儿童建造温暖、健康的成长环境

家长做儿童的行为榜样

对儿童的纪律要求明确、一致，对不当行为有适当的限制

促进发展创造性思维和爱思考

继续培养儿童热爱读书

培养独立性和坚持性的良好个性品质

鼓励同伴交往，培养社会适应能力

给予正确的性别认同指导

（1）心理健康促进目标

积极情绪，恰当行为，独立意识，同伴合作，适应社会。

◆良好的语言表达能力。

◆思维有想象性和创造性。

◆适当的独立性和坚持性。

◆与同伴友好交往的良好能力。

◆情绪积极，有一定的情绪调控能力。

◆能适应幼儿园的集体环境。

◆正确角色认同和性别认同。

◆有基本的道德意识和行为。

（2）促进运动和动手能力

鼓励运动能力和动手能力的发展，鼓励进行需要运动技能的探索和活动，如跑、跳、攀爬、骑车等。练习手的稳定性、灵活性和协调性，提供机会让儿童玩泥土、水、积木、模型、绘画等，练习解扣子、扣扣子，做饭时让儿童帮助搅拌鸡蛋、剥豆角等。

（3）促进语言表达能力

包括言语表达和非言语表达。与儿童进行交谈尽量用规范语言、词汇丰富、语句完整；鼓励复述故事、唱儿歌，并配合恰当的手势和表情。

（4）重视培养创造性思维

鼓励想象，鼓励探究和动脑思考。

（5）培养独立性和坚持性

重视培养生活自理能力，支持和鼓励儿童做力所能及的事情，避免包办代替。

➡自己做事情，如自己穿脱衣服、吃饭、如厕、刷牙；学用手帕或纸巾；保管自己的常用物品，整理玩具并简单地清洗玩具。

➡练习自己做决定，如选择穿什么衣服、玩什么游戏。

➡坚持做事情，如坚持搭积木直至完成，坚持练习某种适龄的技能；遇到困难鼓励想办法解决问题，并教给解决问题的方法。

➡自己入睡、无需大人陪伴。

➡自我安慰，不高兴或害怕时，学习安抚自己，如说"没关系，我勇敢"，或用玩具缓解不好的情绪。

➡学习注意安全，如在户外活动，告诉儿童交通规则，安全地走人行道过马路；遇到危险如何寻求帮助。

（6）培养合作性

➡分享：家长做分享的榜样；讲有关分享的故事；鼓励儿童与别人分享，如将自己的玩具给别人玩。

➡助人：帮助做家务事，如拿东西、扫地、摆碗筷；帮助小朋友。

➡合作游戏：包括集体游戏和比赛性的大运动游戏。

➡为游戏提供材料和场地等支持，让儿童自己讨论游戏主题和规则。

➡在游戏中让每个儿童有自己的角色和责任，体会合作的乐趣，如与同伴共同完成一幅画或用橡皮泥捏一个造型。

➡在游戏中学习解决冲突，如谦让或自行解决一些问题。

（7）促进情绪调控

教儿童识别和理解常见的情绪，并用言语表达心情；学习自我安抚、自我平静的方法，如积极地自言自语、唱歌、玩玩具、看图书或与家长交流，以正确的方式宣泄，而不是发脾气或哭闹等。

（8）促进社会性发展

帮助儿童发展社会适应和交往能力。

➡家长首先经常与儿童互动，建立良好的亲子关系。

➡教儿童知道自己的身份：全名、性别；知道父母名字，知道家庭地址、家庭电话号码。

★多带儿童出游，提供机会与同伴玩，鼓励友好行为，如见人打招呼、有礼貌。

★鼓励参与集体活动。

★重视培养儿童的同情心，鼓励关心别人；教儿童对别人表达出同情和关心，学习安慰别人。

★玩按规则或步骤做的游戏，如下棋。

★学习行为规范和遵守秩序：如不说伤害别人的话、不打骂别人、不抢别人东西；有礼貌；遵守公共秩序。

★对于不能接受的行为，教给替代性行为，如不能抢别人的玩具，而是商量着一起玩玩具。

（9）正确识别自己性别

告诉儿童自己的性别，避免按异性养育。以儿童理解的方式告知男孩和女孩的区别，告诉儿童自己的性别、自己的隐私部位（外生殖器），知道要保护自己的隐私部位。

4～6岁学前时期是性别认同的关键时期，如果经常被打扮成异性，或长时间生活在缺乏同性别的环境中，则难以形成正确的性别认同、产生性角色混乱，对长大后的性心理状态造成影响。

照护注意点 4～5岁

1. 良好饮食行为的培养

（1）定时、定量、定位置进餐

每日饮食安排以三顿正餐为主，补充1、2次点心。避免暴饮暴食，饥饱不均。就餐一定要在固定的餐桌上专心吃饭。不要在儿童玩耍、听故事或看电视时给他吃东西。

（2）自己进食

正常情况下，4岁儿童已经会熟练使用汤匙，并开始学习使用筷子，家长不应再喂饭。

（3）吃尽自己碗中食物

先估计好儿童饭量，给适量或略少于应进食的量，吃完再给，避免形成浪费习惯。

（4）学习基本的餐桌礼仪

如在口中充满食物时不要讲话；未经许可不能拿别人碗中食物；不要在公用碗、盘中反复挑拣自己喜欢的菜；好吃的要大家分享，不要只顾自己吃。饭后让儿童帮助收拾餐桌或以其他方式准备食品。不要利用食物奖赏儿童好的行为，也不要用不给饭吃来惩罚儿童。

（5）不要强迫儿童进食

儿童进食量减少，家长不要急着强迫儿童吃，应先寻找原因。如果是疲劳、身体不舒服应先休息，因多吃零食等不良进食习惯应先纠正。食欲下降超过1周或有生病迹象应看儿科医生。很多儿童是因为缺乏体育运动而"食欲不振"，应加强户外活动。儿童如果不愿意吃新食物，则不必勉强。

（6）不要盲目给儿童补充营养素片

学龄前儿童的正常饮食可完全满足学前儿童的生长需要，一般不需要额外补充含维生素、矿物质等营养素片。如果儿童非常挑食或疾病导致营养问题，应咨询擅长儿童营养的儿科医生。

2. 睡眠习惯的培养

（1）睡眠时间

一般而言，4～5岁的儿童每日睡眠11～12小时，5岁时睡11

个小时，包括白天小睡 1 次。睡眠多少算足够也有个体差异，有的儿童睡得比一般儿童多些，有的则少些，清醒时精神状态好、食欲好、情绪好则说明睡眠充分、质量好。

（2）入睡

这个年龄的儿童上床后应可以很快自行入睡，但不愿睡觉也是常见的现象，很多儿童晚上会以种种理由拖延上床睡觉，如想继续玩耍，不愿意单独睡。应重视建立规律的睡眠时间，养成良好的作息习惯。例如睡前至少半小时开始做睡觉的准备（洗澡、刷牙、上厕所等），调暗灯光，讲个睡前故事等。儿童在上床睡觉时要抱一个玩具等物现象十分普遍，这是学前期儿童进行自我安慰的常见方式。

（3）尿床

5 岁前的儿童尿床是正常现象，4 岁时大约 1/4 的儿童还偶尔地尿床。5 岁以后仍经常尿床则称为遗尿，如果经常遗尿，则需要到医院检查、治疗。有些儿童已经不尿床了，但在某些心理因素刺激下又出现经常尿床，应进行评估和干预。

3. 户外运动与体育锻炼

4～5 岁的儿童每天的户外活动时间一般不少于 2 个小时，其中体育活动时间不少于 1 个小时，季节交替时要坚持。不仅在天气适宜时进行户外活动，也应能在较热或较冷的户外环境中活动，以增强对外界环境和气温变化的适应能力。

适合 4～5 岁儿童的户外运动有：跑步、游泳、

骑三轮车、攀爬、打乒乓球、拍皮球、跳绳等。同伴一起玩的游戏如老鹰捉小鸡等。也可以选择玩沙子、泥土等户外活动。

进行户外活动要注意安全，做好必要的安全准备：如骑车要戴上头盔、护膝和护腕，告诉儿童要注意头部的安全。

4. 游戏活动和玩具

（1）游戏活动

4～5岁儿童的活动大多是通过游戏进行的。游戏是儿童重要的活动方式和学习途径，对能力的发展有重要的作用。应积极开展各种形式的游戏，将儿童发展和学习的目标寓教于乐是学前儿童阶段的重要教育形式。

◆运动性游戏：儿童的运动能力通过跑、跳、攀、爬得到了发展。

◆创造性游戏：如搭积木、泥塑，可以发展儿童的主动性和创造性，发展儿童感知能力、精细的操作能力、想象力和创造力。

◆假扮游戏或角色扮演游戏：如扮超人、机器人等可以发展儿童的想象力，并使儿童更了解他人的感受，走出以自我为中心的小天地。

◆同伴的共同游戏：如一起搭积木、角色扮演游戏、丢手绢等，可以培养儿童的相互交往、组织和协作的能力。

（2）适合4～5岁儿童的玩具

◆发展四肢的大运动能力：三轮车，皮球，跳绳，羊角球等。

◆发展手部精细动作能力：积木、七巧板、拼图、橡皮泥、夹豆子、串珠子、儿童安全剪刀、折纸等。

✦训练想象力等认知能力的玩具：乐高等各种组装玩具、模型、跳棋、五子棋、泥塑等。

✦丰富生活经验的玩具：各类拟生活化的玩具，各种车类及配套玩具，用安全的废弃物品制作玩具（如用汽水瓶做万花筒）等。

✦陶冶艺术美感的玩具：琴、棋、书、画等。

常见问题处理　　4～5岁

1. 睡眠问题

各种原因导致的睡眠异常或障碍都会影响儿童的身心发展，睡眠问题可令儿童在清醒状态出现情绪烦躁、注意力下降，长时间的睡眠剥夺会妨碍儿童的脑发育，影响认知能力的发展，导致学习障碍、好动不安。

（1）噩梦

又称梦魇，指做一些内容恐怖的梦，并引起梦中极度的恐惧、焦虑，大声哭喊着醒来，醒后仍感到惊恐，并因此难以入睡。梦魇容易被唤醒，儿童醒后意识清晰，能较清楚地回忆并叙述梦中经历，表达恐惧和焦虑的体验。4～5岁的儿童中有40%发生过梦魇。

噩梦的原因，有心理因素或躯体因素。心理因素如看或听了恐怖的事情、由于学习或其他因素所引起的精神紧张、情绪低落；躯体因素常见的有睡前过饥或过饱、剧烈运动、睡眠姿势不好（如双手放在前胸使胸部受压迫、呼吸不畅）、患某些躯体疾病，如上呼吸道感染引起的呼吸不通畅、肠道寄生虫、发热等。

治疗上，无特殊干预方法。当发现儿童有正在做噩梦的表现时，可叫醒他们，并给予适当的安慰。检查是否有易引发梦魇的因素，予以避免。

（2）失眠

各个年龄阶段的儿童都有可能出现失眠，在低龄儿童中发生较少。失眠常表现为入睡困难、半夜醒后难以继续入睡以及早醒。

发生原因：儿童多见的原因是生活不规律、饥饿或过饱、身体不舒适、睡前过于兴奋、因与亲密的抚养者分离而产生焦虑、环境嘈杂。较大儿童的失眠原因除以上几个因素外还常有与学习、家庭、幼儿园和学校有关的心理因素造成的紧张、害怕，甚至看恐怖片所致的害怕。

现在学前儿童也面临着过度学习现象，因此一些在学龄儿童中的失眠原因也提前到了学前儿童。有的儿童失眠几次后就形成了条件反射，一到上床睡觉时就担心睡不着，引起焦虑，故形成习惯性失眠。

处理原则是先要查明原因，设法去除这些不利睡眠的因素。

首先应培养规律睡眠的习惯，在有睡意的时候上床，但不要过晚，4～5岁的儿童一般在晚上8点～9点上床睡觉，睡前不要进行容易兴奋的活动，早晨清醒后要尽快起床，不要在白天超常补睡。

心理因素造成的失眠，应给予儿童以足够的心理支持、帮助他们改善情绪。采用一些有助睡眠的方法，如讲轻松的故事或听轻松的音乐，设法使儿童在睡前半小时内安静下来、放松心情。由于严重突发事件导致的儿童失眠，如果上述方法无效，应寻求心理医生的帮助。

2. 发脾气

儿童发脾气的主要原因是由于儿童独立行动的愿望受到家长的过多限制，与家长的要求发生冲突，而儿童的言语表达和控制能力较弱，就以发脾气来对抗限制，令家长感到儿童很不听话、不顺从。此外，当儿童要学习掌握一项技能时，遇到失败的挫折也会引起发脾气。

在脾气发作的时候，采取分散注意、"冷处理""暂时隔离"的方法是缓解发脾气的较有效措施。更重要的是家长要善于引导，鼓励儿童独立性和能力的发展，减少限制，便会顺利渡过这个时期，逐渐发展积极的个性品质；相反，如果家长处理不当，儿童的非理性自主要求就会发展为任性的消极品质。儿童经常发脾气，暗示着家庭和孩子均可能存在着问题，需要干预。

3. 过于以自我为中心

儿童过分的以自我为中心是指要求别人对自己过多的注意、满足自己的各种要求，若得不到满足就不高兴甚至哭闹，而不会考虑他人的需要和感受。过分以自我为中心的原因主要有两种：一是儿童从小就受到过度的保护和照顾，只关心自己的需要是否满足；二是没有得到应有的关注，缺乏安全感和感到孤独，因而非常渴望别人对自己的关注。过分的自我中心对儿童的独立性和个性的形成是不利的，对此，家长在抚育中需注意以下几方面。

✦鼓励儿童独立性的发展：鼓励他们通过自己的能力去探索周围，尽自己的力量达到自己的目的，避免不必要的包办和过分保护。

✦关注适当：关注要与儿童的年龄和自身能力相适应，不走极端。

✦当儿童过分纠缠时，采取延迟满足或冷处理的方法：对儿童的要求不能马上就满足，如家长正做家务或很累的时候，儿童要求讲故事，家长可以耐心讲道理让儿童等 10 分钟，或安排儿童自己先做其他的事情，即延迟儿童要求的满足。儿童因要求不能满足而哭闹时则采用置之不理，进行"冷处理"。

✦教儿童知道并学会关心他人：对于年龄较大的儿童，给他们创造与人交往，尤其是与同伴交往的机会，在与同伴的交往中可以学会客观地看待自己，注意从别人的角度考虑问题，学会关心、帮助别人。

4. 看电视、玩电子游戏

丰富有趣的电视节目、越来越先进的屏幕技术和电子游戏将儿童牢牢地吸引在屏幕前，这无疑可以在某种程度上作为游戏方式的补充，有利儿童娱乐和获得知识。但这种优势对于儿童非常有限，引导不当而以这种游戏为主要活动方式势必限制了儿童身心方面多种能力的发展，弊大于利，严重情况下会贻害儿童的长期发展。相反，对于正常儿童，绝对不会因为不玩平板电脑或其他屏幕读物而耽误了身心发展，家长对此必须有清醒的认识。欧美一些国家已对幼

30分钟

儿的屏幕时间有明确限制。对学前儿童，仅应将其作为多种游戏活动的一种补充，玩时有家长的监督，限制时间和游戏内容，每日应限制在 30 分钟内。

每日应有多种非屏幕的活动，如拼图、绘画、运动、阅读、同伴游戏等，不要用平板电脑等电子媒介代替纸质书籍，应有每日常规的阅读纸质书籍和讲故事的时间。在保证综合能力发展的基础上可以给予平板电脑，不能本末倒置。

对于天性孤僻、任性等个性有不足的儿童，应更加慎重，不宜让他在屏幕前多花时间。

入学准备 4～5岁

学前儿童的入学准备要点是激发儿童的学习兴趣、培养基本的学习能力、适当的行为规范、独立性和合作意识，而非比别人更多地学计算、学拼音、多认字。

1. 认知能力的准备

◆培养想象性思维、观察和探索性：开展丰富多样的游戏活动和形象化的教育，鼓励儿童发现问题、提出问题，并耐心回答他们的问题；创造条件让儿童自由地探索外界，进行丰富的实践活动，如实地观察等；看幻想性图画书；培养思维的灵活性，教儿童从不同角度考虑，鼓励逆向思维等。

◆适当的记忆训练：学前适当的记忆训练，如学习背诵一些儿歌、诗词。背诵时要注意形象化和趣味性，发挥儿童的想象。儿童在积极的情绪状态下记忆才能收到良好效果。

运用记忆策略，如复述、联想和组织的方法，可以促进记忆的效果。复述的方法尽管比较机械，儿童不能完全领会那些词句的意思，但这种训练对提高记忆能力并奠定今后的知识基础有一定的益处。联想，例如将字、单词与一幅图画联系起来，令儿童更容易记住字或词。组织记忆的策略例如，在记忆单词时将"牛、马、猪"归在动物类中，而将"树、草、花"归为植物类。

◆注意力和坚持性训练：鼓励儿童在一定的时间内专心、坚持地做一件事情，能保持 15 分钟，如听故事、穿珠子、拼图、剪纸。找两幅类似的图画中有什么不同，或一幅画中缺少了什么重要东西，既培养注意力也培养仔细的观察力。当儿童在专心做自己事情时，家长切勿干扰。

2. 行为规范的准备

建立规则意识，能遵守规则，听从指令。

3. "入门慢"儿童的准备

对于气质属于适应慢、有退缩倾向的儿童，应更多地提前，作好充分的心理和行为上的准备，循序渐进性地适应新环境，而不是在短时间里就将儿童强行推入学习新环境。

第十一章

意外伤害

室内安全

据报道，环境因素导致意外伤害发生率高达 70%，有 65% 以上的意外伤害都是发生在居家环境，许多家长认为，家是最安全的场所，却不知道居家环境其实也潜藏着许多危害儿童安全的危险因素。如家具的挑选和摆放、室内布置的陈设，是否有注意避免相关危险，物品使用完毕后是否有马上收好，只有平常保持良好的生活习惯，防患于未然，才能降低意外伤害的发生率。

1. 厨房安全

厨房里常有一些不起眼的小角落为儿童的安全带来隐患，望家长注意。

灶台常常是造成意外伤害的地方，儿童会对煤气开关又拉又拽，有儿童的家庭最好选用有罩子的煤气灶。做饭的时候，不要把锅的长手柄朝外，而是要对着墙壁，以防儿童拉翻烫伤。最好的防备方法就是不要让儿童靠近灶台。

不要把暖壶、茶壶这些东西放在桌子边沿。用牢固的餐桌垫代替桌布，儿童通常喜好拉桌布角，桌子上的东西会伤及或烫伤儿童。用带盖子的杯子喝热水，防止杯子歪倒，热水撒出来。

抽屉、柜门用安全锁锁好，橱柜最好不要

用玻璃门。

地面溅上水或油渍，要实时清理，防止儿童或大人滑倒。

电饭锅、微波炉等电器的电线尽量不要拖在地上或吊在桌边，而且电线最好不要太长，防止缠着儿童的手脚。

儿童经常对各种各样的袋子有特殊感的好感，垃圾袋要放在隐藏的地方，防止儿童拾到玩耍，蒙在脸上引起窒息。

2. 浴室安全

浴室是儿童生活中不可缺少的活动空间之一，也是大部分家庭意外的发生地，跌倒、坠落、烧伤、烫伤、中毒等都是浴室里可能产生的意外。

儿童爱玩水，洗澡时，家长应先放冷水再加热水，这样能有效避免儿童因好奇伸手玩水或瞬间就进入浴池，而导致烫伤。如果有恒温控制的热水器，建议将浴室热水器温度调控在 55℃ 以下，即使儿童急切地想玩水，也不至于造成太严重的烫伤。当然，最好的防备方法是让儿童在大人的监视范围内活动，避免将儿童单独留在浴室内。

吹风机不使用时，应取下插头，置放在儿童无法拿取的地方，以免触电。未使用的插座应加防护盖，以免儿童玩弄而触电；过长的电线或拖线板也应妥为收藏，或固定于墙面、地面，以免绊倒或缠绕儿童身体造成窒息。

家中任何清洁剂、杀虫剂、化妆品、药品等，都应存放在儿童无法取得的地方，以免儿童因误食而中毒。危险物

品如清洁剂、药品等，绝不可放于食品容器中储存。应该采用原来的容器盛装，并贴上明显的警告纸标示危险，最好是选购有防止儿童开启包装设计的清洁剂、药品。

湿滑的浴室或浴缸，对儿童而言，有极大的杀伤力，如跌倒、坠落等，都是很常见的意外事故。为了让儿童安心洗澡，浴室的地面应保持干燥；浴室或浴缸里，最好备有防滑垫；浴室内应装设扶手；进入浴室里，最好换穿具防滑效果的拖鞋；浴室门外、浴缸，应铺设吸水、防滑的垫子或其他防滑处理，这就可大大降低儿童滑倒的概率。

3. 客厅、卧室安全

儿童的好奇心十分强烈，喜欢爬高、爬低，到处探索新奇的事物。因此，跌倒、从高处摔落的情形经常发生，建议平时应养成教育儿童的习惯，让儿童了解跌倒的危险。

儿童的体型容易头重脚轻，加上认识不足，儿童跌倒坠落几乎成为儿童事故伤害中的最主要原因。家长应特别注意家具的摆设安全，譬如窗户应避免摆放小凳子或是小柜子，预防儿童好奇爬上而跌落。假使儿童在沙发、床铺上玩耍，旁边一定要有大人陪伴，保证安全。婴儿床、阳台、窗口旁边应设置栏杆，避免儿童由阳台或窗口坠落。高椅子应放在安全固定的地方，儿童坐在上面要有安全带绑好，并有大人看护。一岁以下的婴儿基本生活在床

上，地板上最好铺上泡沫塑料垫，防止婴儿从床上掉下来摔伤。幼儿一岁以后就开始攀高，甚至会找个椅子，垫个箱子去够高处的东西，但这时他们的平衡能力很差，容易摔倒，家长要特别注意。房间的地板不要太滑，家具要选择椭圆形边的，或者给家具的尖角加上护套，防止幼儿摔倒时撞伤。住楼房的家长不要让儿童在窗台上玩，窗户的锁扣不能轻易被打开，阳台上不要堆放杂物，防止儿童从杂物上攀爬翻过栏杆或窗户而坠楼。

儿童常被桌椅、抽屉夹伤。家长有时稍不注意儿童在身旁，门一开，或是抽屉一关，儿童的手指就被夹伤，或是儿童好奇将手指伸进转动的电风扇中，一不小心就酿成伤害。开关门时，先注意儿童有无在身旁。

将家具的边、角，用泡棉或保丽龙包起来，尤其是茶几、饭桌、矮柜，防止儿童撞伤。

有些灰尘会被人体吸入而沉积在肺泡，从而引发气道发炎、过敏，造成咳嗽、咳痰、流鼻涕、打喷嚏、呼吸不畅等症状，而后演变成过敏性鼻炎、支气管炎，甚至哮喘。而有过敏体质的儿童也有可能诱发异位性皮炎或其他过敏性接触性皮炎。长期吸入一些燃烧不完全的副产物（一氧化碳、硫化物等），不仅对体内重要器官如肝、肾会造成影响，对儿童的神经发育，智能发展也会造成负面发展。因此家中有婴幼儿者，居家环境尽可能避免任何形式的粉尘，包括熏香、檀香等。

4. 玩具的安全使用

每个玩具都会让儿童产生兴趣，带给他们愉悦，甚至增强他们的智慧。但是如果儿童玩具本身有问题，那么带给儿童的恐怕还有伤害。家长应特别注意玩具的安全性。

避免购买有尖锐接缝的玩具。另外，纸片的边缘、被啃食严重的玩具也会割伤儿童娇嫩的肌肤。

细小的玩具或安抚奶嘴易被儿童吞食，引起窒息或中毒。许多父母都发现，越是小的东西，越是引起儿童的注意，哪怕是一片极不起眼的小纸片，儿童都能捡起来，而且捡起来就往嘴里放。因此，要特别防止3岁以下的儿童误吞异物而引起窒息。儿童的手边不要有容易造成窒息或危险的东西，如硬币、笔帽、玻璃球、纽扣等。不要给儿童吃如花生、豆子等圆的、硬的东西，家有儿童的家长最好也不要吃瓜子、花生等带皮的食品。

家长在给3岁以下的幼儿购买玩具时，不要买那些有零部件能够放到嘴里的玩具，也不要买带尖头或有锋利边际的玩具。在这些伤害中，最常见的是幼儿吞入玩具小部件引起的窒息。幼儿在玩气球一类的玩具时，家长也要格外注意，防止幼儿把破碎的气球皮放入嘴里引起气管堵塞。

另外，安抚奶嘴圆圈板上，最好有大气孔或多个小气孔，防止儿童堵塞鼻孔导致无法呼吸的意外发生。一些家庭物品如钱币、刀片、剪刀、针、纽扣、皮筋、打火机等易被儿童当成玩物，造成意外伤害，家长应及时收好。

一般来说，拖拉的玩具都会有绳索。如果绳索过长，儿童在玩耍过程中就可能缠绕到脖子，造成危害。18个月以下幼儿玩的玩具绳索长度应小于22厘米。活套或固定环的周长要小于36厘米，这样可避免儿童将环或活套套入脖子的危险。

玩具所用的涂料里常含有化学原料，比如油漆里面含有铅等多种

聪明宝宝 智慧养育

有毒重金属、有色金属成分，对人体有一定伤害。玩具中每千克油漆含铅量最好低于 90 毫克。表面五颜六色的玩具，其实用的都是涂料或油漆。与其他颜色的玩具相比黄色玩具的含铅量比较高。

有些声光玩具也会给儿童带来伤害。带音乐的玩具有益于智力的开发，但如音量很大，播放时间长，会伤及儿童的耳朵，超过 70 分贝的噪音易对儿童的听觉系统造成伤害。带激光的玩具如激光电筒、激光棒，这些激光类产品在玩具中所占的比例越来越多。与传统电玩具相比，激光类玩具更具可玩性和可观赏性，因此对儿童更具吸引力，但是，激光类玩具的伤害更具破坏性和不可修复性。玩具上的激光辐射源对人体的伤害包括光化学伤害和光热伤害，如激光棒直接照射眼睛，特别是处于发育期孩子的眼睛，会造成伤害。

玩具的发条驱动、电池驱动、惯性驱动或其他动力驱动机构应该加以封闭，不应该露出可触及锐利边缘、锐利尖端或其他压伤手指或身体其他部位的危险部件。

户外安全

家长最爱带儿童去户外游玩，户外游玩安全第一，不管带儿童到哪里，事先评估外出安全才可以让儿童去。父母一方面得评估儿童的成熟度，一方面得睁大眼睛，仔细观察，去除暗藏的危险。

1. 防止交通意外：汽车安全座椅

从 2004 年 6 月 1 日起正式实施的《小客车附载幼童安全乘坐实施及倡导办法》规定，年龄在四岁以下，且体重在 18 千克以下的婴幼童，在乘坐车辆时必须使用儿童汽车安全座椅，体重逾 18 千克至 36 千克以下儿童，必须乘坐于车辆后座并妥善使用安全带，否则将依规定罚款。四岁以上至十二岁的儿童，法令规定虽未强制要求使用保护装置，但要求妥善使用安全带，然而如果儿童身高不足或过于瘦小，车用安全带并无法确实保护儿童，甚至仅使用安全带会因此导致儿童受伤，因此该阶段儿童如果能继续使用合适的安全座椅，将可保障其安全。

人类的颈椎在成长过程中会逐渐改变形状，在新生儿时期，颈部的构造尚由软骨构成，因此支撑力不足。一直到约三岁以后，身体发展出肌肉，颈部构造才会由平坦逐渐转为成年人的马鞍形状，加上脊椎骨彼此密合，这时候，颈部才算是发育完成。也就是说，在三岁之前，颈部容易因外力冲击而造成伤害。幼儿车祸死亡的主要因素是未使用安全座椅。许多家长习惯抱着幼儿一起坐在副驾座，认为只要自己抱紧一点，幼儿就安全了。殊不知，当车辆遇到撞击时的重力加速度和惯性作用，足以让怀抱中的幼儿瞬间变成"空中飞人"，朝前方挡风玻璃飞出去。

为什么当车辆遇到撞击时，自己抓不住幼儿呢？因为车辆遭到撞击时所发生的撞击力会随着车速增加。例如车速在 40 千米／小时时，大人所抱的儿童撞击力是其体重的 30 倍。一个 10 千克重的儿童，一旦发生撞击，就会产生 300 千克的撞击力。因此，千万不要以为将儿童抱在自己的怀中即可以达到最佳的保护作用。

家长或许会担心儿童坐面朝后方座椅时，大人较不易掌握儿童的状况。外出时如果有两位大人，应该有一位在后座陪儿童；若没有，驾驶人可利用监视镜，观察儿童一举一动，儿童也可看到驾驶人。有些家长还是会以手环抱儿童，或与儿童共享安全带，这些习惯都应该修正。

2. 防止车厢内窒息

儿童死于车里的新闻屡见不鲜，在高温缺氧的环境下，儿童还没有求助和自助的能力，告诫各位家长千万不要把儿童单独留在车里，哪怕只是停车几分钟。研究发现，无论环境温度怎样，在太阳照射下，车内温度平均一小时内升高 22℃。即使将车窗打开一条缝，也几乎无法阻止车内温度的上升趋势。尤其在夏季，汽车停驶后，车内温度仍会升高是正常现象。车内的热源除了发动机和底盘产生的余热正常传递到车内外，主要受到外界气温影响。夏季阳光照射在车体上，车顶篷、车内饰件物品都会在吸收太阳光后产生热量。车窗紧闭时，热量无法消散，越积越高，会达到一个极限温度。这个温度，虽不会对车子造成实质性伤害，但如果车内有人，足以让人处于高温下窒息，封闭的空间里极易形成缺氧的环境，威胁人的生命。幼儿的体温调节能力相对成人要差，更容易导致生命危险。

为避免儿童因汽车而受到伤害，要注意许多情况：只要有儿童在，就要锁好车门和后备厢；儿童在汽车里或周围玩耍都是不安全的；不要把儿童留在无人的汽车里，也别让儿童随意摇下车窗；如果儿童被反锁在车里，请赶紧报警求救；教会儿童一旦被锁在车内就用尖叫或大喊的方式报警求援；确保全部汽车钥匙远离儿童的视线；避免让儿童乘坐新手驾驶的汽车；12岁以下的儿童只能坐在后排。

3. 防止两轮车、三轮车和手推车意外

（1）儿童两轮车的安全使用

儿童两轮车的链罩是必不可少的，鞍座最高高度等于或大于560毫米的儿童两轮车应装一只盘链罩或其他防护装置，以遮住链条和链轮上啮合部的外表面。鞍座最高高度低于560毫米的儿童自行车应装有一只链罩，它要完全遮住链条、链轮和飞轮的外表面和边沿，还要遮住链轮以及链条和链轮啮合处的内表面，以防儿童手指伸入其中受到伤害。使用儿童两轮车时必须要在成人监护下，切不可在公路上骑行。

（2）儿童三轮车的安全使用

儿童三轮车是学前儿童普遍喜爱的玩具，选购要注意其表面涂层中的有害元素含量应符合安全要求。在儿童三轮车规定区域内不得有突出物。因此市场上有一种推骑两用的三轮车，推把必须折下后方可供儿童骑行。三轮车不得有任何可能伤害的挤夹点，任何可能触及的活动部位，两者之间的孔隙均应小于5毫米或大于12毫米，以防儿童

夹伤手指。供三岁以下儿童使用的三轮车，如有可触及的小零件，其体积应该符合儿童三轮车安全使用的规定，以防儿童不慎将其吞下或呛入气管，导致窒息等严重后果。

（3）推车的安全使用

儿童推车是儿童学步前所使用的玩具，使用对象是无自主能力的学步前儿童，因此选购时首要注意是否安全，除了整车的结构牢固外，首要注意的是推车有没有锁紧机构的锁紧保险装置，如果只有锁紧机构而无锁紧的保险装置，一旦锁紧机构失灵，就会造成儿童的严重伤害事故。另外推车上围离坐垫的高度应不低于 180 毫米，肩带、叉带、跨带、带扣、安全带及装置都能承受 300 牛顿的拉力，而不松脱、断裂、损坏，以保护儿童不至于因安全带及装置不牢固而意外跌出车外造成伤害。推车上儿童可能手指抓到或牙齿咬到的永久紧固件，受到来自任何方向的 90 牛顿力时都不得脱落或损坏。

在使用推车时，推车如果停留时间较长，应使用推车上的制动装置，以防溜车，严禁将重物挂在车把上，以致推车的重心移位，而造成推车的翻倒，使儿童受到伤害。在使用推车时，成人不能离开推车，不能在斜坡上停留，不让儿童单独待在推车里。

儿童两轮车、三轮车等主要由儿童自己操纵。这些车辆不仅带有一些小的部件，更有诸如折叠扶手、传送皮带等功能性部件，这些部件一旦出现质量问题或者出现故障，不仅会影响车辆的使用，严重的还会对儿童的人身安全造成威胁。因此，消费者在购买童车类玩具时应该特别注意对

一些关键部件如传动链或皮带和制动装置进行查验。乘骑玩具车的传动链或皮带，应该加保护罩使它不可触及，如果不使用工具保护罩应该不能够移开，比如自行车的轮盘、链条等。儿童好动、好奇心强，一旦把手伸进旋转的轮盘中后果不堪设想。大于等于 30 千克的乘骑玩具，应该有制动锁定装置。出门前要检修，打开、折叠一下，看看推车的机关是不是好的，能不能顺利打开；打开后，仔细查看锁紧保险装置是否锁得上，如果有松动，出现故障，要及时维修，如果不能及时维修，推着儿童遇着坎，容易折叠，挤伤儿童。

4. 防止游泳、戏水意外

在炎热的夏季，绝大多数家长要利用双休日或暑假时间带儿童去游泳，锻炼儿童的体魄，但也要防止发生意外，做好安全防护，防患于未然。

（1）防儿童恶心呕吐

鼻子呛进脏水就会恶心呕吐，如出现这种情况，应让儿童赶快上岸后，头侧卧休息。

（2）防儿童在不利因素下游泳

饭后不宜游泳，有开放性伤口、皮肤病、眼疾则不宜游泳，感冒、生病、身体不适或虚弱时不宜游泳；雷雨天气不宜游泳，温度太低、水太凉不宜游泳；游泳时禁止与同伴过分开玩笑，不要随意下水，特别是野外，不明水域不要游泳、跳水，水浅、人多不可跳水；要在有救生员的合格场所游泳，下水前先做暖身运动，

下水的装备要带全，一定要戴游泳镜；严防儿童意外落水，海边或户外游泳要防止晒伤及脚底刺伤；下水时切勿太饿、太饱，饭后一小时才能下水，以免抽筋，下水前试试水温；若在江、河、湖、海游泳，则必须有家长相陪，儿童不可单独游泳；下水前观察周围环境，若有危险警告，则不能在此游泳，更不要在地理环境不清楚的峡谷游泳。

（3）防儿童身体抽筋

如果儿童刚开始学游泳，心里一定紧张害怕，加上水太凉、泡在水里时间太长，都可能导致儿童身体抽筋。为防止抽筋，下水前的准备活动应当充分，考虑儿童身体状况，如果儿童吃得太饱，饥饿或过度疲劳时，不要下水游泳。游泳前，家长先在儿童四肢泼些水，做好充分的活动，慢慢入水，以适应水温，同时刻意控制自己的呼吸。

（4）防儿童眼病和腹痛等

游泳时，如儿童出现胸痛，可用力压胸口，等到稍好时再上岸。腹部疼痛时，应让儿童立即上岸，最好让其喝一些热水或热汤，以保持身体温暖。游泳池和自然水域都会受到病菌或化学物质的污染，其中最为常见也最易传染上的疾病便是眼病和皮肤病。头晕脑涨主要原因是游泳时间过长，血液聚集于下肢，脑部缺血，身体能量消耗较大，导致身体过度疲劳。出现这种情况，应立即让儿童上岸休息，全身保温，并适当喝些淡糖盐水。眼睛痒痛可能是由于水不洁净引起。上岸后应马上用清洁的淡盐水冲洗眼睛，然后用左氧氟沙星眼药水滴眼，临睡前最好再做一下热敷。

人的眼睛是很娇嫩的，在游泳时如不当心，有可能引起急性结膜炎，俗称"红眼病"，多由细菌感染引起，患者发病快，眼红，有异物感、烧灼感，脓性分泌物多，早上起床时睁不开眼，可伴发热、头痛，但擦洗后并不影响视力，一般也不会疼痛，3周或1个月内可自行恢复，不会留后遗症。为防止传染眼疾，游泳前应进行体检，凡患沙眼、结膜炎者，未治愈前禁止游泳；在红眼病流行的时候不应去游泳，不与有眼疾的人一起游泳，少触摸水龙头及门把手；游泳时戴上护眼罩对减少感染眼疾也有一定作用。每次游泳后应用清水洗头、洗脸；还可滴上少许左氧氟沙星眼药水或滴眼剂。

（5）防儿童耳痛耳鸣

耳朵里灌水或鼻子呛水，排水方法有：将头歪向耳朵进水的一侧，用力拉住耳垂，用同侧腿进行单足跳；手心对准耳道，用手把耳朵堵严压紧，左耳进水就把头歪向左边，然后迅速将手挪开，水即会被吸出；用消毒棉签将耳道内的水吸出。

5. 商场、超市和游乐场所

公共场合、百货公司和游乐场所也是需要规避危险的地方，平常多教儿童一些正确的户外玩耍的知识，如搭乘电梯、过马路应该注意什么等，若是真的不小心让儿童独自面对这些危险时，也会知道如何反应，甚至逃避危险。

（1）在大型商场内的安全注意事项

大型商场内运转不息的自动扶梯以及儿童可以攀爬的护栏，有可能成为导致儿童高空坠落的隐患。商场内光滑的地板以及锐利的柜台边角，可能会导致儿童跌伤或者撞伤。拥挤的人流可能会导致儿童被挤伤或者与父母失散。父母要带好儿童，不要让儿童爬自动扶梯和护栏；不要让儿童离开自己的视线；如果儿童走路不很利索，父母可以把儿童抱在手中；人多拥挤时，即便儿童可以自己走路了，父母也一定要拉住他的手；如果儿童与父母失散了，请立即求助商场内的工作人员，请他们帮忙寻找。

（2）在开架超市内的安全注意事项

儿童可能会把他拿得到的东西吃下去，引起窒息、梗塞、中毒等意外伤害；在人流量大的超市内，走在路上的儿童可能被来来往往的购物用的手推车撞倒、撞伤；超市、购物中心内的堆货架上堆着的商品，如果被不小心碰倒，很容易压伤或者撞伤儿童；购物中心内的家电柜台、玻璃器皿柜台，内有重物和易碎品，喜欢东摸西碰的儿童一不小心，就可能被压伤、撞伤或者割伤；购物中心的玩具区也是一个"雷区"，因为这里有种类繁多的玩具，儿童很可能因为操作不当而受到伤害。父母购物前要告诉儿童不要乱跑、不要乱动商品、不要把拿到的东西放到嘴巴里；如果儿童的体重在规定重量内，就让他坐在购物车里，否则就抱着儿童或者拉着儿童走；先买儿童感兴趣的东西，减少儿童购物时的兴奋度；留意儿童的一举一动，不要让儿童一个人等在原地，自己去购物；告诉儿童如果和爸爸妈妈分开了，要找保安叔叔和营业员，不要跟陌生人走；即使是在玩具区，也不要放松警惕，不要让儿童单独去拿或者玩那些陈列在柜台上的玩具。

（3）在游乐场的安全注意事项

一些刺激而高速运转的游乐设施可能会导致意外，如高空坠落、摔伤或者轧伤；一些水上游乐设施可能会让儿童在游玩时因戏水而落水；那些比较慢、看似安全的游乐设施，也可能因为儿童的好动好玩，而成为意外伤害的"隐患"，如儿童因为在小火车上爬上爬下而被轮子轧了脚；有些小型的游乐设施的技术质量不属于专门机构强制检验范围之内，因此它们的器械和设施的技术安全没有专门的检验合格证。一旦儿童玩了那些安全上存在问题的游乐设施，就可能发生意外；在游乐场玩的儿童年龄不等，而且同时游玩的人数可能比较多，儿童可能会被别的儿童在无意中伤到；儿童玩诸如"翻斗乐""蹦床"等游乐设

施时，可能由于姿势不正确而引起拉伤、撞伤等意外伤害。父母最好到游乐设施的控制室去看一下有没有专门机构颁发的"安全检验合格证"；在游玩前，注意看一看游乐设施的"游客须知"，并严格遵守；密切关注儿童的一举一动，如果要求父母陪同游玩的，一定要陪在儿童身边；在玩那些需要佩戴安全保护装置的游乐项目时，一定要帮儿童系好安全带或者戴好安全头盔等安全保护装置；不要让儿童去玩那些不适合他的年龄、身高、体质的游乐项目；服从工作人员的指挥；在游玩过程中，父母一定要以身作则，注意安全。

保持正确良好的生活习惯和态度，就能避免一半以上的意外事故发生。许多意外伤害都能事先预防，家人多一份用心，多一份呵护，定能让儿童健康长大。

常见意外伤害及处理

1. 撞伤

不管是客厅、厨房、楼梯还是浴室，对一个刚学会走路的幼儿来说，处处都潜藏着危机。比如幼儿爬上沙发却不知道如何爬下沙发，一不小心扑通一声就滚了下来，若是小小的碰伤还好，但若是不小心撞到头，那后果就不堪设想了。家长首先要判别撞伤的严重程度；如果只是破皮，只要消毒，涂上碘酒即可。但如果手、脚、关节疼痛，哭叫不休，或昏迷、头昏、恶心、呕吐，则必须立刻将幼儿送医仔细检查。但期间家长不要慌了手脚，在搬动幼儿时要先把颈部固定好，才不会对幼儿造成二次伤害。

2. 烧伤、烫伤

烧、烫伤后首先应该看一看面积有多大。每个儿童的手掌大约有身体表面积的 1%。如果儿童烧烫伤的面积在 1% 以上，表示病情较重，很容易合并脱水甚至造成休克，应赶快送医院治疗，切不可耽误。

如果只是皮肤表皮变红，不用管也会自然痊愈。如果是弄倒暖瓶开水洒到身上或触摸到电熨斗等烧热的器皿上，能使表皮起泡，就必须到医院就诊。若拖延时间，可能使伤口感染，烫伤处化脓。烧、烫伤半个身子，受伤部位皮肤起明显水泡，这样的烧烫伤甚至会危及生命。

皮肤直接接触硫酸、盐酸、硝酸、苛性钠等化学液体烧伤时，应立即用清水冲洗后再去医院就诊。

开水泼到衣服上时，在脱衣服前应先用自来水冲，尽量降低开水的温度。如果不及时脱掉衣服，会使皮肤的烫伤变重。比起脱衣服来，还不如剪开衣服，但尽量请医生剪。原则是浇上自来水后，尽快带儿童去外科治疗。如果衣服上洒上硫酸或盐酸时，可剪开衣服后用水冲洗皮肤。家长从儿童 3 ~ 4 岁就要开始对他们反复讲明玩火、煤气灶具的危险性，教育儿童不要在厨房打闹。家中的开水壶、暖瓶不要放在桌旁床边，以免儿童碰倒造成烫伤。

"冲、脱、泡、盖、送" 5 步骤，是烧烫伤意外的第一处理原则。

◆冲：以流动的清水冲洗伤口 15 ～ 30 分钟，快速降低皮肤表面热度。如果无法冲洗伤口，可冷敷。

◆脱：充分泡湿后，再小心除去衣物，必要时可以用剪刀剪开衣服，或暂时保留粘连部分，尽量避免将水泡弄破。

◆泡：在冷水（加冰块）中持续浸泡 15 ～ 30 分钟，可减轻疼痛及稳定情绪。平时可在冰箱中准备一些冰块，以备不时之需。不过，如果烧烫伤面积太大或儿童年龄较小，则不必浸泡过久，以免体温下降过多或延误治疗时机。

◆盖：用清洁干净的床单或布条，纱布等覆盖受伤部位。不要在受伤部位涂抹米酒、酱油、牙膏、糨糊、草药等，这些东西不但无助于伤口的复原，还容易引起伤口感染，并且影响医护人员的判断和紧急处理。

◆送：赶紧就医急救、治疗。

3. 跌伤

儿童从床上摔下来能够马上大哭，一般脑部受伤的可能性较小。儿童最怕摔到后脑，如果面朝下摔，一般危险性较小，只进行外伤处理即可。

儿童摔到头部时，以下几种情况应立即去医院。

◆头部有出血性外伤。

◆儿童摔后没有哭，出现意识不够清醒、半昏迷、嗜睡的情况。

◆在摔后两日内，又出现了反复性呕吐、睡眠多、精神差或剧烈哭闹。

◆摔后两日内，出现了鼻部或耳内流血、流水、瞳孔不一等情况。

一般如果摔到头部后引起重度脑震荡或颅内出血，会很快发作，最晚也在 24 小时内就会发作，因此出现症状要尽快去医院。

儿童摔到头部后，没有出血，有肿包时，应立即用冷敷处理。

儿童摔后一段时间，尽量与儿童说话，逗逗他，转移其兴奋点，不要抱着他睡觉。如果摔后哭完很快就睡着了，也要在一小时内将其叫醒。如果醒后大哭，就没有什么问题了。

即使摔到头部，也不要总怀疑是脑震荡。脑震荡的特征是会有一定时段的意识和知觉丧失。如果儿童一直意识正常，就不会有问题。儿童如果有呕吐，可能是受惊吓所致的呕吐，也可能是暂时性脑部受到震荡，一般呕吐两三次后就好了。即使是脑震荡，如果是轻度，也不会有任何后遗症。

儿童摔到头部后，应观察两天。这两日内尽量让其多休息，少活动。如果两日内精神一直很好，食欲正常，就可以完全放心。

要时刻注意儿童的安全，不可掉以轻心。暂时离开时一定要在床周围垒东西（不能完全保证安全），或放在安全的护栏床内。

4. 触电

儿童玩弄电器，误触电源及断裂的电线，或插座漏电，均可导致电击伤。雨季雷击或高压电击，同样也可引起。高压线落地，人只要在其周围 10 米之内两脚分开，就可能有电流在两足间流过而被电击。

人体被电击后，电流通过人体，在电源接触部位、电流流出部位或电击部位一局部引起不同程度的电灼伤，创面可能很小但皮肤碳化发黑，深入肌肉、骨骼。当触电时，肌肉可发生强烈收缩，使身体弹离电源，也可反而紧贴电源，造成严重后果，因电流的震荡作用而引起昏厥、呼吸中枢麻痹以致呼吸停止、心室颤动，甚至心脏停跳出现假死等，统称为电休克，如不及时抢救均可立即造成死亡。

对触电或被电击的儿童进行抢救，要争分夺秒。现场抢救，首先是切断电源。切忌用手或潮湿物品直接接触儿童和电源，可用干燥木棍、竹竿或塑料物品将电源拨开或将接触儿童的电线拉断或移开，或立即关闭电源开关或总闸断电。受伤儿童应就地休息，避免走动。轻度灼伤者，可在受伤部位涂龙胆紫药水，用消毒纱布包扎。重度灼伤者应由医生扩创处理。若儿童面色苍白或青紫，意识丧失，要立即触摸脉搏、观察呼吸动作，确定是否呼吸、心跳停止。对呼吸、心跳停止者要马上就地进行心脏按压和口对口人工呼吸，针刺人中、十宣、内关、涌泉等穴，并在抢救同时将患儿送往医院抢救。在抢救过程中还要注意观察儿童有无因电击伤跌倒后造成的颅脑、骨骼及内脏损伤，如有，应及时处理、治疗。

为防止儿童触电，要注意安全用电。家中的各种电器安装要符合安装标准，开关、插座、电线等都要放在儿童摸不到的地方。平时要教育儿童不要玩灯具、电器、插座等物。

5. 药物中毒

家中的任何清洁剂、杀虫剂、化妆品、药品等，都应存放在儿童无法取得的地方，以免儿童因误食而中毒。为了避免儿童搞混，危险物品如清洁剂、药品等，绝不可存放于食品容器中，正确的做法为采用原来的容器盛装，并贴上明显的警告纸标示危险，最好是选购有防止儿童开启设计包装的清洁剂、药品。

处理细则：若儿童不小心吞下有毒物质，家长应先注意儿童的口中、手中，或是周遭是否存留，是否有开启的空容器。再者就是喂食儿童牛奶或水，但须在儿童意识清醒的情况下进行，接着就是赶紧送医治疗。

6. 窒息

引起气管、支气管异物的种类以花生、豆类、玉米粒、瓜子等植物性异物最多见，也有如鱼刺、骨头、图钉、石子等。较大的异物误吸入气管内有可能造成立即窒息，来不及抢救，导致死亡。气管、支气管异物是危及儿童生命的急症，疑有异物吸入应立即到医院急诊科就诊以便及时取出。在送往医院过程中，家长要保持镇静，哄好儿童不要哭闹并减少活动，以避免因异物移动引起窒息。

异物进入气管，先是刺激气管内膜引起呛咳，之后可听到异物随气流向上撞击声门下区的拍击声，咳嗽时加重，也可听到喘鸣声。儿童气管、支气管异物是一种完全可以预防的疾病，首先要做宣传工作，年轻父母和保教人员要教育儿童养成良好卫生习惯。儿童进食时，大人不要逗他们说笑、哭闹，以防食物呛入气管。教育儿童不要把小东西放在口内玩，纠正儿童口内含物的不良习惯。如发现儿童口内含物时，应婉言劝说使其吐出，不要用指强行挖取，以免引起哭闹而吸入气管内。

第十二章

生长和发育
的家庭监测

1. 家庭监测的重要性

儿童的生长具有连续性、非匀速性和阶段性的特点，儿童的发育既具有共同规律，又存在个体的差异。随着家庭养育要求的提高，家长们越来越重视儿童在生长发育过程中的每一个环节，关心每一个阶段儿童的发展状态。我们采用家庭监测的方法，可以直观地了解儿童的生长趋势，有效地观察儿童在不同阶段的能力发展水平。

所谓监测，是指定期测量儿童的体重、身长／身高、头围、胸围等主要体格指标，以及儿童的各项能力是否与年龄相符，并进行连续的记录。持续的监测可以形成个体儿童生长曲线，从而动态地、纵向地反映儿童生长发育过程中的生长轨迹和发展进程。

我们使用生长曲线监测儿童的生长速度和生长趋势。每个儿童的生长会受到环境、养育方式或疾病的影响。将儿童的出生记录及每一次测量值记录在标准化的生长曲线图中，可以直观地反映儿童的生长是处于匀速、过快／缓慢或平坦／下降中的哪种状态，是一种既方便又有效的自我监测的方法。

我们使用发育进程图监测儿童在不同年龄应该达到的各项能力。随着儿童的"日长夜大"，在不同时期应该展现出不同的能力，完成不同的能力项目。发育进程图中分别用浅红、中红、深红三种颜色表示不同项目所对应的不同月龄，让家长清楚地了解儿童的能力发展水平是否符合实际的生理年龄，是一项必不可少的监测工具。

2. 生长曲线

将儿童每一次的体重、身长、身高的测量值以点状标记在标准化的生长曲线图中，并将这些记录点连接成线，这就生成了该儿童的生长曲线。有效使用生长曲线图可以记录、反映儿童营养和体格发展的状况。

（1）生长曲线的记录方法

◆计算儿童的实足年（月）龄，如 1 岁 3 个月 28 天的婴幼儿则按 1 岁 3 个月计算。

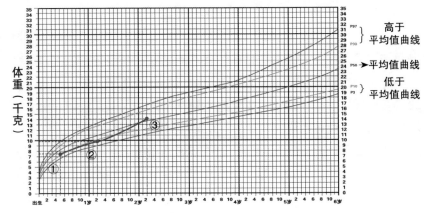

生长曲线的记录图（体重图，男0～6岁）

➡ 在横轴上找到年（月）龄，在纵轴上找到体重／身长的数值，两者交点以圆点标记（图中示例红色圆点①②③）。

➡ 将每次测量到的每个圆点以直线相连，即形成了儿童的体重／身长曲线（图中红色连线，该儿童共测量了3次，曲线呈向上的趋势，表明生长良好）。

生长曲线图包括体重曲线图和身长／身高曲线图，分别表示不同的生长趋势，中间的曲线为平均值线，显示儿童的平均生长速度和生长趋势，平均值曲线下方的曲线表示低于平均值以下且不同的程度范围，同样，平均值上方的曲线表示高于平均值且不同的程度范围。

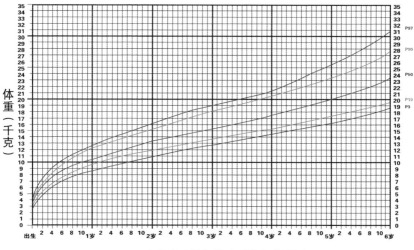

0～6岁儿童（男）体重百分位曲线图

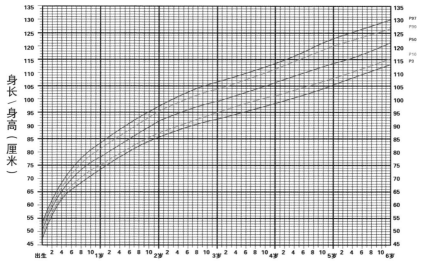

0～6岁儿童（男）身长／身高百分位曲线图

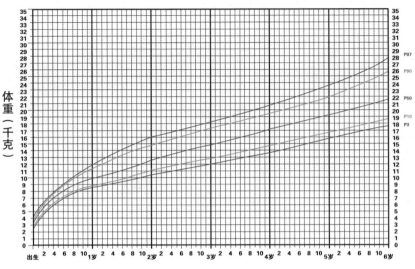

0 ~ 6岁儿童（女）体重生长百分位曲线图

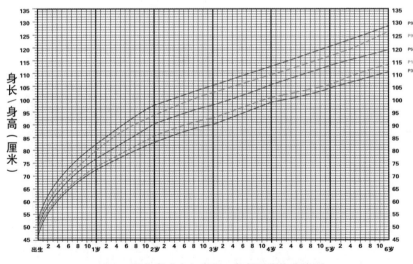

0 ~ 6岁儿童（女）身长 / 身高百分位曲线图

（2）生长曲线图的使用

◆生长速度／生长趋势在正常范围。

我们将每月体重、身长／身高的测量的结果标注在生长曲线图上并连接成线，就形成儿童个体的体重或身长／身高曲线。儿童从出生水平开始，沿着生长曲线图中任意一条曲线生长，其生长趋势和生长速度都是正常的，见下图中示例曲线④⑤。

下图中的示例曲线⑥，儿童的出生水平虽然在平均线下，但生长的速率依然沿着曲线同步增长，说明该儿童的个体生长趋势是正常的。

同样，身长／身高的增长趋势观察也按同样的方法。

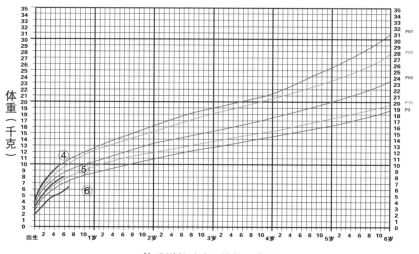

体重增长速度／趋势正常图

◆生长速度／生长趋势平坦，需要引起家长注意，早发现早干预。

如下图中所反映的儿童体重曲线，发现该儿童自5月龄起体重增长缓慢，并持续了一段时间，因此曲线呈平坦趋势，就需要引起家长的重视，尽快到医院进行咨询，进行合理指导和干预，防止生长迟缓。

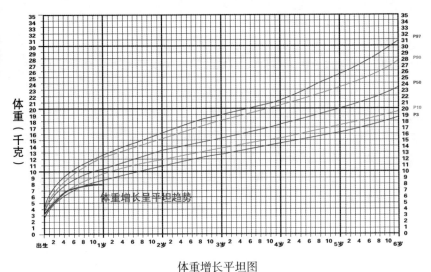

体重（千克）

体重增长呈平坦趋势

体重增长平坦图

◆生长速度增长过快，防止超重或肥胖导致的疾病。

当儿童的体重增长过快超出了正常的范围时，体重曲线的增长跨越了两条曲线，而身长／身高的增长速度却没有体重增长那么快速时（身长／身高图中示例曲线⑦），需要家长引起重视，建议到医院进一步评估是否出现超重或肥胖。

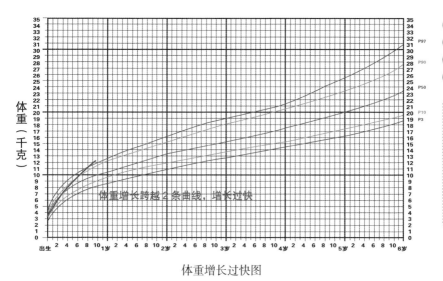

体重增长过快图

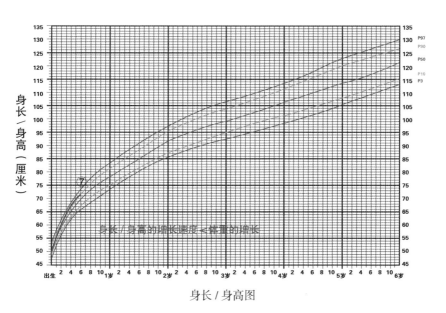

身长 / 身高图

◆生长速度／趋势下降，分析原因，防止营养不良及生长迟缓。

若儿童的体重在一定时间没有增长，甚至出现的下降的情况（排除疾病产生的因素），如下图中反映的体重曲线，就需要及时至医院就诊，在医生的指导下寻找并分析原因，立即干预，防止营养不良。

一般说来，如果儿童长时间体重不增长或下降，那么其身长／身高的增长也会受到影响，出现增长缓慢。

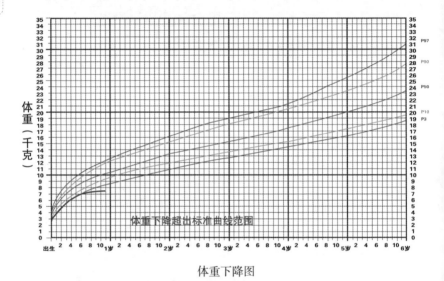

体重下降图

（3）发育进程

儿童随着其年龄的增长会表现出不同的能力，称之为发育进程。儿童的发育进程由简单到复杂，是一个循序渐进的过程。我们需要了解什么月龄／年龄的儿童可以完成哪些项目，儿童的能力发展是否与其实际月龄／年龄相符或有差异，这是儿童保健中不可或缺的一个重要方面。

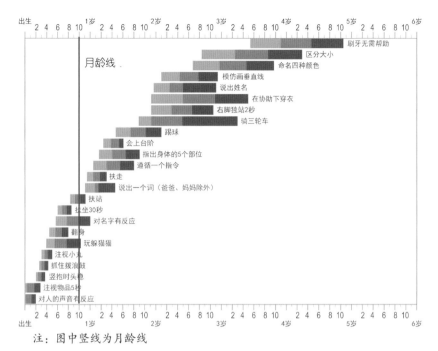

出生 2 4 6 8 10 1岁 2 4 6 8 10 2岁 2 4 6 8 10 3岁 2 4 6 8 10 4岁 2 4 6 8 10 5岁 2 4 6 8 10 6岁

月龄线

刷牙无需帮助
区分大小
命名四种颜色
模仿画垂直线
说出姓名
在协助下穿衣
右脚独站2秒
骑三轮车
踢球
会上台阶
指出身体的5个部位
遵循一个指令
扶走
说出一个词（爸爸、妈妈除外）
扶站
扶坐30秒
对名字有反应
翻身
玩躲猫猫
注视小丸
抓住拨浪鼓
竖抱时头稳
注视物品5秒
对人的声音有反应

出生 2 4 6 8 10 1岁 2 4 6 8 10 2岁 2 4 6 8 10 3岁 2 4 6 8 10 4岁 2 4 6 8 10 5岁 2 4 6 8 10 6岁

注：图中竖线为月龄线

发育进程图及使用方法

发育进程图的使用方法：

✦根据儿童当前的实足年（月龄）将底线上的点与顶线上的点以直线相连，即为月龄线。

✦每个项目的浅红色区域代表发育较好的儿童所能完成的年龄范围（25%～50%儿童能完成）；中红色区域代表发育平均儿童所能完成的年龄范围（50%～75%儿童能完成）；深红色区域是75%～90%以上儿童所能完成的年龄范围。

✦月龄线上的项目允许不通过。如上图所示，10个月的婴儿，接近月龄线范围的有两项内容，分别为"对名字有反应"和"扶站"两个项目。"扶站"项目在月龄线的中间区域，如果孩子可以完成，表示达到的是平均水平；而"对名字有反应"项目月龄线在右侧区域，表示为应该达到的能力。如果这两个项目均未能完成，那么需要医生的评估和指导训练，并继续观察儿童的发展情况。

◆月龄线左侧的发育项目为必须通过的项目。如右图所示，月龄线左侧的两个发育项目，"玩躲猫猫"和"扶坐30秒"，如果10个月大的婴儿这2项未通过，应及时到医院发育行为儿科就医，进一步评估和干预。

在发育进程图中，如果儿童的完成的项目内容超过他/她的实际月龄/年龄，那么其发育水平是超前的。无论儿童的能力发展是超前或是落后，我们都需要客观掌握儿童当前的发育水平，才能在家庭养育中制定出科学的指导方案。

我们罗列了0～5岁不同年龄儿童发育的预警征供父母参考，如果儿童出现相应年龄中预警征的项目，需及时寻求发育行为儿科医生的帮助，进行评估、诊断、干预或治疗。

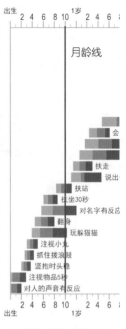

发育进程图（部分）

0～5岁儿童发育预警征象

年　龄	发育预警征象
0～1月龄	对响的声音没有反应
	吸吮无力
	体重增加不明显
1～2月	体重和头围增加慢
	眼睛不能跟随移动的物体
	不能转头找到发出声音的来源

年 龄	发育预警征象
3 月龄	竖抱时抬头不稳
	不注视人脸，不追视移动的人或物品
4 ~ 5 月龄	身体僵直或柔软无力
	不会用手抓东西
	不能大声发笑
	俯卧位时抬头差
6 月龄	竖抱时抬头不稳
	不能翻身
	紧握拳不松开
	不能扶坐
8 月龄	不会独坐
	不会区分生人和熟人
	双手间不会传递玩具
	无"咿呀"发声
12 月龄	呼唤名字无反应
	不会模仿"再见"或"欢迎"动作
	不会用拇、食指对捏小物品
	不会扶着站立
18 月龄	不理解照养人的简单指令
	不会按要求指人或物
	与人无目光交流
	不会独走
2 岁	不会扶栏杆上楼梯 / 台阶
	不会说 3 个物品的名称
	不会按吩咐做简单的事情
	不会用小匙吃饭

年　龄	发育预警征象
2.5岁	不愿意在同伴群中玩
	不会上楼梯
	不会用语言表达需求
	不会自己吃饭
3岁	不会一问一答
	不会模仿画圈
	不会双脚跳
	不合群
4岁	不能按要求等待或轮流，不听指令
	不会如厕
	不会单脚站立
	不会叙述事情的经过
5岁	不会单脚跳
	不能讲故事
	不能参加集体游戏
	不会用笔画图

生长和发育监测是儿童保健的基础。正确使用生长曲线图和发育进程图可以在家庭中对儿童的健康状况进行自我监测、自我管理，及时发现儿童在生长和发育过程中的风险和可能发生的问题，做到早发现、早干预、早治疗。

附录

疫苗种类和接种顺序

免疫接种是用人工免疫的方法来增强人体特异的免疫力以预防传染病。疫苗可预防疾病导致的危害，免疫接种的广泛实施明显降低了感染性疾病的作用。疫苗分为第一类疫苗和第二类疫苗。

第一类疫苗是指政府免费向公民提供，为国家常规接种疫苗，包括乙型肝炎疫苗、卡介苗、脊髓灰质炎减活疫苗、脊髓灰质炎灭活疫苗、无细胞百日咳－白喉－破伤风联合疫苗（百白破疫苗）、白喉－破伤风联合疫苗（白破疫苗）、麻疹－风疹疫苗（麻风疫苗）、麻疹－流行性腮腺炎－风疹疫苗（麻腮风疫苗）、甲型肝炎疫苗、A 群脑膜炎球菌多糖疫苗、流行性乙型脑炎疫苗（乙脑疫苗）和水痘疫苗等。

第二类疫苗是公民自费并且自愿接种的疫苗，包括 A+C 群脑膜炎球菌结合疫苗、ACYW135 流脑多糖疫苗、b 型流感嗜血杆菌疫苗、肺炎球菌 13 价结合疫苗、肺炎球菌 23 价多糖疫苗、流行性感冒疫苗、肠道病毒71 型灭活疫苗、5 价重配轮状病毒活疫苗、轮状病毒活疫苗、五联疫苗（无细胞百日咳－白喉－破伤风－脊髓灰 -b 型流感嗜血杆菌）、四联疫苗（无细胞百日咳－白喉－破伤风－ b 型流感嗜血杆菌），以及一些特殊情况下应用的疫苗等。第二类疫苗增加了预防疾病的种类，或者替代第一类多种疫苗，明显减少儿童疫苗接种频次和保护儿童健康。

此外，我们还罗列了中国国家计划免疫的接种程序。

常用疫苗可预防的疾病及危害

疾病名称	危害
乙型肝炎	我国人群肝硬化、肝癌最主要的原因
结核	易传播，消耗性疾病，影响儿童生长发育
脊髓灰质炎	肢体麻痹、瘫痪、终身残疾
流感嗜血杆菌疾病	儿童脑膜炎、肺炎、会厌炎、蜂窝织炎、败血症等
白喉	咽喉部假膜脱落易造成窒息，并发心肌炎为最常见死因
百日咳	反复痉挛性剧咳使患儿疲惫痛苦，可并发肺炎、脑病
破伤风	死亡率较高，并发窒息、肺不张、心力衰竭、肺栓塞等
麻疹	极易传播，并发症多，并发肺炎是其主要死因
乙型脑炎	病死率高，存活者可残留痴呆、瘫痪等后遗症
流行性脑脊髓膜炎	继发感染以肺炎最多见，1岁以下、60岁以上者预后差
甲型肝炎	是我国常见的急性传染病之一，严重者危及生命
风疹	孕妇得风疹极易造成新生儿畸形
流行性腮腺炎	高热、腮腺部疼痛明显，如并发脑炎、胰腺炎、睾丸炎，后果严重
水痘	传染性强，疱疹破溃易继发细菌性感染而留疤痕
肺炎球菌肺炎	可并发败血症、化脓性脑膜炎、心包炎、脓胸等
流行性感冒	高热、关节肌肉酸痛和乏力等中毒症状
轮状病毒腹泻	婴儿重症腹泻，多发生于2岁以下儿童
手足口病	多发生于5岁以下儿童，传染性强，少数患儿可引起心肌炎、肺水肿、无菌性脑膜脑炎等并发症

中国疾病预防控制中心公布的扩大免疫接种程序

疫　苗	接种年龄	接种次数	备　注
乙肝疫苗	0、1、6 月龄	3	生后＜24 小时接种第 1 剂次，第 1、2 剂次间隔≥28 日
卡介苗	出生时	1	
脊髓灰质炎疫苗	2、3、4 月龄、4 周岁	4	第 1、2 剂次，第 2、3 剂次金额均≥28 日
百白破疫苗	3、4、5 月龄、18-24 月龄	4	第 1、2 剂次，第 2、3 剂次金额均≥28 日
麻风疫苗（麻疹疫苗）	8 月龄	1	
麻腮风疫苗（麻腮疫苗、麻疹疫苗）	18～24 月龄	1	
乙脑减毒活疫苗	8 月龄、2 周岁	2	
A 群流脑疫苗	6～18 月龄	2	第 1、2 剂次间隔 3 月
A+C 群流脑疫苗	3 岁、6 岁	2	2 剂次间隔＞3 年，第 1 剂次与 A 群流脑疫苗第 2 剂次间隔＞12 个月
甲肝减毒活疫苗	18 月龄	1	
炭疽疫苗	病例或病畜间接接触者及疫点周围高危人群	1	直接接触病例或病畜者不接种
乙脑灭活疫苗	8 月龄（2 次）、2 岁、6 岁	4	第 1、2 剂次间隔 7～10 日
甲肝灭活疫苗	18 月龄、24～30 月龄	2	2 次间隔＞6 个月